# FOSSILIEN AUF RÜGEN

*Pinna cretacea*, eine sehr seltene Steckmuschel aus der Rügener Kreide. L = 10 cm.

FRANK RUDOLPH
UWE KANKEL

# FOSSILIEN AUF RÜGEN

## SUCHEN, SAMMELN UND BESTIMMEN

ELLERT & RICHTER VERLAG

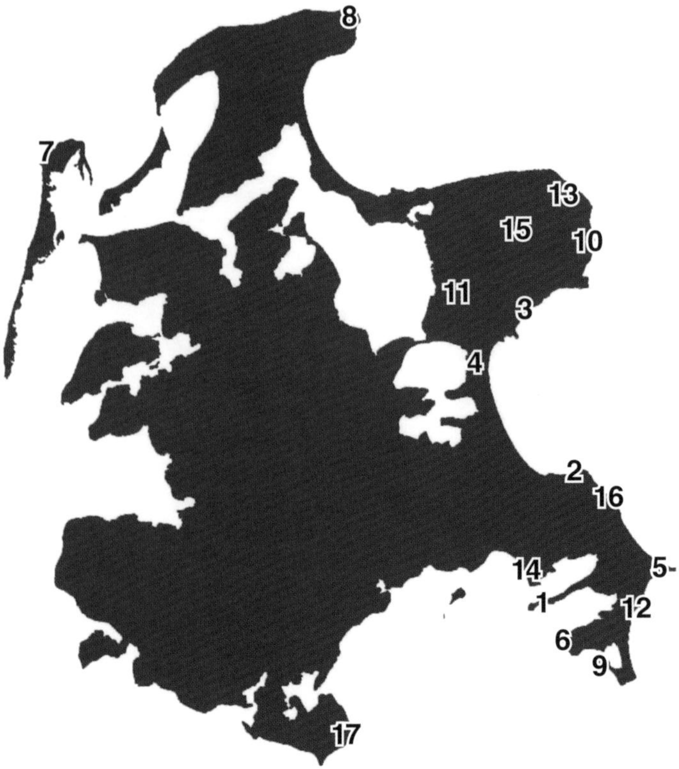


**Karte der vorgestellten Fundorte auf Rügen**

**1** Alt Reddevitz
**2** Binz
**3** Dwasieden
**4** Feuersteinfelder
**5** Göhren
**6** Groß Zicker
**7** Hiddensee
**8** Kap Arkona
**9** Klein Zicker
**10** Kreideküste
**11** Kreidemuseum, Kleiner Königsstuhl
**12** Lobber Ort
**13** Nationalparkzentrum
**14** Neu Reddevitz
**15** Promoisel
**16** Sellin
**17** Zudar

# INHALTSVERZEICHNIS



Erklärung der Abbkürzungen:
B = Breite
BB = Bildbreite
D = Durchmesser
H = Höhe
L = Länge
DK = Dänemark
SE = Schweden

Jura-Geschiebe von Mönchgut mit Muscheln und Holzstückchen. BB = 20 cm.

# EIN WORT VORWEG



Mit 926 $km^2$ ist Rügen Deutschlands größte Insel, das benachbarte Hiddensee hat zusätzlich eine Fläche von 47 $km^2$. Die Ausdehnung in Nord-Süd-Richtung beträgt 52 km, in Ost-West-Richtung 43 km. Rügen besteht aus 5 Halbinseln und 31 kleinen Inseln und hat insgesamt eine Küstenlinie von 574 km, davon entfallen 123 km auf die Außenküste. Die höchste Erhebung ist der 161 m hohe Pieckberg auf Jasmund. Ein riesiges Gebiet voller spannender geologischer Aufschlüsse. Rund 1 Million Touristen genießen in jedem Jahr die einzigartige Natur, die Kreideküste oder die weitläufigen Strände. Die berühmten Kreidefelsen haben schon vor mehr als 200 Jahren Caspar David Friedrich zu einem seiner bekanntesten Gemälde inspiriert. Die schroffen Klippen ragen mehr als 100 m empor und jedes Jahr brechen Teile von ihnen ab und werden im Meer zerrieben. Dabei werden 70 Millionen Jahre alte Fossilien freigesetzt. Jeder Strandwanderer sucht nach Donnerkeilen und Seeigeln. Millionenfach säumen schwarze Feuersteine die Küste. Mancher trägt das Muster einer versteinerten Muschel oder einen porösen Schwamm in sich. Und auch an den steinreichen Geröllstränden lassen sich Gesteine finden, die von versteinerten Schalen vorzeitlicher Muscheln erfüllt sind.

Das vorliegende Buch gibt eine Anleitung für das Suchen, Sammeln und Bestimmen von Fossilien auf Rügen. Es stellt Fundorte und fossilführende Gesteine vor und zeigt die häufigsten Funde und einige Seltenheiten. Das Buch behandelt sowohl die anstehende Schreibkreide auf der Insel als auch die Geschiebe an den Steinstränden. Dabei ist es natürlich völlig unmöglich, die gesamte Vielfalt fossiler Funde darzustellen, allein die Kreide oder einzelne Geschiebe würden ganze Bücher füllen. Auf den Bestimmungstafeln sind nicht nur Fossilien abgebildet, sondern auch Schichtflächen und aufgeschlagene Gesteine.

Die vorgestellten Fundorte unterliegen einem steten Wandel. Nach Stürmen können sich hohe Strandwälle auftürmen, aufgespülter Sand kann das gesamte Geschiebepflaster überdecken, Hochwasser kann ein Sammeln unmöglich machen. Je nach Wetterlage, Windrichtung und Strömungsverhältnissen bieten sich immer wieder unterschiedliche Fundmöglichkeiten. Frost und lange Regenfälle können zu Hangrutschungen und Küstenabbrüchen führen. Jeder Sammler sollte sich immer der Gefahren an den Küsten bewusst sein und ihnen mit Respekt begegnen.

Viele Kliffs, eiszeitliche und nacheiszeitliche Bildungen, kristalline (ab 10 $m^3$) und sedimentäre (ab 1 m Länge) Findlinge sind Geotope und damit gesetzlich geschützt. Ein umweltbewusstes und verantwortungsvolles Verhalten in Nationalparks und Naturschutzgebieten sollte selbstverständlich sein.

Alle hier vorgestellten Fossilien sind auf Rügen gefunden. Nur in wenigen Ausnahmefällen wurden besser erhaltene Stücke von anderen Fundorten ergänzt.

Bild rechts: Seebrücke, Sellin.

GO 185
GO 186
GO 290

## Ein wenig Plattentektonik

Die Geschichte Rügens beginnt im Ordovizium vor rund 450 Millionen Jahren. Die 3 Kontinente **Laurentia**, **Avalonia** und **Baltica** liegen südlich des Äquators. Laurentia beinhaltet dabei Nordamerika und Grönland. Avalonia ist im unteren Ordovizium von dem Großkontinent Gondwana abgebrochen und umfasst heute Teile Nordwestdeutschlands, die südliche Nordsee, England, Wales und das südliche Irland. Baltica besteht aus Schweden, Finnland und Osteuropa bis zum Ural. Zwischen Avalonia und Baltica liegt der **Thor-Ozean** (früher „**Tornquist-Ozean**"). Konvektionsströme von aufsteigendem Magma in großer Tiefe führen zu einer Bewegung dieser Erdplatten.

Im obersten Ordovizium kollidiert Avalonia aufgrund der Kontinentaldrift mit Baltica. Dabei wird die ozeanische Kruste vor Baltica unter das vorrückende Avalonia versenkt. Der Thor-Ozean wird immer schmaler und verschwindet vor 400 Millionen Jahren schließlich ganz. Durch die Auflast aufgrund dieser tektonischen Vorgänge wird auch Baltica etwas in die Tiefe gedrückt. Im Silur entsteht in der entstandenen Senke ein tropisches Meer, von dem Gotland noch heute zeugt. Schließlich trifft der neue Kontinent Avalonia-Baltica auf Laurentia, der dazwischen liegende **Iapetus-Ozean** wird vollständig geschlossen, das Kaledonische Gebirge zwischen Norwegen und Schweden entsteht. Die neu entstandene Landmasse wird **Laurussia** oder **Old-Red-Kontinent** genannt.

Die im ordovizischen Thor-Ozean abgelagerten Sedimente vor Avalonia werden als Keil abgeschert und auf Baltica geschoben. Auch ein vorgelagerter Inselbogen folgt dem vorrückenden Kontinent. Diese aufgerichteten Gesteinspakete erreichen schließlich die Meeresoberfläche und bilden so das Fundament Rügens. In den folgenden erdgeschichtlichen Zeitaltern lagern sich weitere, teils mächtige Sedimentpakete ab.

Schließlich kommt es am Beginn der oberen Kreidezeit zur Ausbildung einer nach Norden hin immer tiefer werdenden Senke, die sogenannte **Dänisch-Polnische Oberkreide-Senke**, in die das vorrückende Oberkreidemeer eindrang. Die mit 550 m größte Meerestiefe lag nordöstlich von Rügen. Es lagerte sich eine 630 m mächtige Schichtenfolge vom Cenoman bis zum oberen Unter-Maastrichtium ab.

Bild rechts: Kreidefelsen Rügen, Nationalpark Jasmund.

## Kreidefelsen auf Rügen

Die Kreidefelsen von Rügen sind einzigartig an der deutschen Ostseeküste. Die Klippen ragen fast 120 m steil in den Himmel. Bei Sonnenschein erstrahlt die Küste in blendendem Weiß. Kreideschlamm färbt das Wasser türkisblau und gibt ihm einen tropischen Charakter. Schon der Maler Caspar David Friedrich wurde von den berühmten Kreidefelsen inspiriert, und wer einmal am Fuße der beeindruckendsten Steilküste Deutschlands entlanggewandert ist, wird der Faszination von Königsstuhl und Kieler Bach schnell erlegen sein. Die Insel Møn bildet das dänische Pendant zu Rügen. Møns Klint ist mit bis zu 128 m die höchste Steilküste Dänemarks.

Vor 67 bis 69 Millionen Jahren erstreckte sich das **kreidezeitliche Meer** vom heutigen Schonen (SE) bis an den Harzrand, es befand sich geographisch gesehen allerdings in Höhe des heutigen Mittelmeers. Die Temperaturen waren höher als heute. Am Grunde des wohl maximal 100 m tiefen Meeres lagerte sich ein Schlamm ab, der zum größten Teil aus mikroskopisch kleinen Kalkplättchen (Coccolithen) einzelliger Algen besteht. Es bildeten sich im Laufe der Jahrmillionen ein 300 m mächtiges Schreibkreidelager. Schreibkreide (Kalk) ist im Übrigen nicht mit Tafelkreide (Gips) identisch. Kreidezeitliche Mikroorganismen und Kieselschwämme besaßen ein Skelett, das aus Kieselsäure bestand. Nach dem Tod der Tiere wurde dieses aufgelöst. Kieselsäuremoleküle reicherten sich im Meerwasser an. War eine bestimmte Konzentration erreicht, fiel die Kieselsäure aus. Dabei bildeten sich im Schlamm des kreidezeitlichen Meeres lagenweise Kieselsäurekonkretionen – jene Feuersteinknollen, die heute millionenfach den Strand säumen. Eingestreut finden sich Fossilien wie Austern, Donnerkeile oder Kieselschwämme. Am Ende der Kreidezeit nahmen tektonische Aktivitäten zu und hoben den Meeresboden an.

In der letzten Eiszeit wurden die kreidezeitlichen Sedimente schließlich durch den Gletscherdruck an die Oberfläche gepresst und steilgestellt. Diesen Vorgang nennt man Glazialtektonik. Zwischen den mächtigen Kreidepaketen sind Schlieren von grauem, zähem Geschiebemergel eingeschaltet, der sich unter dem Gletscher gebildet hat. Geschiebemergel kann zu Schmierseife werden, wenn er wassergesättigt ist. Dadurch können tonnenschwere Kreidefelsen unversehens abrutschen, wenn sie auf dem glitschigen Untergrund keinen Halt mehr finden. Nach langen Regenperioden oder wenn im Frühjahr der Frost aus der Wand geht, kann es immer wieder zu plötzlichen Abbrüchen kommen.

Bild rechts: Königsstuhl, Nationalpark Jasmund.

## Kieselsäure und die Feuersteinentstehung

Feuerstein wird auch Flint oder Silex genannt. Er ist im Schlamm des kreidezeitlichen Meeres entstanden. Bei Feuersteinen handelt es sich um Konkretionen aus Quarz mit einem Kieselsäure-Anteil von 99 Prozent. Chemisch gesehen hat Feuerstein die gleiche Zusammensetzung wie Quarzsand oder Bergkristall. Die Flintknollen sind während der Diagenese entstanden. Der Bruch ist muschelig bis splitterig. Feuerstein-Konkretionen sind in der Schreibkreide in horizontalen Lagen angereichert, können durch tektonische Vorgänge schräg gestellt oder verbogen sein. Der mittlere Abstand der Flintbänder beträgt 1 m. Knollige Flinte sind häufiger als plattige. Ihre Größe beträgt mehrere Zentimeter bis wenige Dezimeter. Im Norden Rügens, wo das Kreidemeer tiefer war, sind die Feuersteine größer.

Die eigentliche Flint-Bildung war ein langzeitiger und komplizierter physikalisch-chemischer Vorgang, der während der Verfestigung des Schreibkreide-Sediments ablief. Durch die Verwitterung quarzreicher Gesteine gelangten große Mengen an gelöster Kieselsäure ins Meer. Die Skelettsubstanz abgestorbener Kieselorganismen wie Kieselalgen, Radiolarien oder Kieselschwämme reicherte sich ebenfalls im Meerwasser an. Aus der übersättigten Kieselsäure bildete sich unter bestimmten chemischen Bedingungen im Meerwaser ein besonderer Opal-Komplex („Opal-CT“), der als Kristallisationskeim fungierte. Hier lagerten sich Kieselsäuremoleküle an und allmählich bildeten sich die Feuerstein-Konkretionen. Dabei wurde durch Stoffaustausch Calcit (die Schreibkreide) durch Kieselsäure (Feuerstein) ersetzt. Feuerstein entsteht also nur dort, wo vorher Schreibkreide bzw Calcit (Kalziumkarbonat) war. In einem Seeigelgehäuse, das nur zur Hälfte mit Kreideschlamm gefüllt war, wird auch nur diese Hälfte durch Feuerstein ersetzt. Der verbliebene Hohlraum kann sich später mit durchscheinendem Chalcedon füllen, was zur Bildung sogenannter „fossiler Wasserwaagen“ führt (Bild rechts unten).

Feuersteine werden aus der Schreibkreide ausgewaschen. Am Kreidekliff stellen sie über 90 Prozent der Strandsteine (Bild rechts). Durch ihre Widerstandsfähigkeit sind sie an allen Stränden Norddeutschlands sehr häufig.

## Die Kraft des Eises

Vor rund 115.000 Jahren sanken die Temperaturen deutlich. Es begann im Norden zu schneien, so stark, dass der Schnee im Sommer nicht mehr taute. Durch die hohe Auflast schmolzen die filigranen Schneekristalle zu kleinen Eiskörnchen. Aus 80 cm Schnee wurde 1 cm dickes Gletschereis. Über den Kaledoniden, dem Grenzgebirge zwischen Norwegen und Schweden, bildete sich eine riesige, bis zu 3.000 m mächtige Eisdecke. Eine theoretische Schneemenge von 240 km Dicke war nötig, um diesen Panzer zu bilden. Weil eine gigantische Wassermenge im Gletscher gebunden war, lag der Meeresspiegel weltweit 100 bis 120 m unter dem heutigen Niveau. Das Gewicht der Gletscher war so groß, dass sich der skandinavische Kontinent einige 100 m tief absenkte. Eis wird unter hohem Druck allerdings plastisch, es beginnt zu fließen. Gletscherzungen schoben sich durch die Täler. Gesteinsschutt fror im Eis fest und wurde mitgeschleppt. In Risse und Spalten des gewachsenen Felsens drang Wasser ein. Beim Gefrieren dehnt sich Wasser aus, und so wurden hausgroße Felsblöcke aus ihrem natürlichen Verband herausgesprengt. Der Gletscher schob sich etwa 100 m im Jahr nach Süden. Die mitgeführten Gesteine nennt man deshalb **Geschiebe**. Sie wurden auf dem Transport abgeschliffen und teilweise zu Sand zerrieben. Nach dem Abtauen der Gletscher blieben Sand und Steine zurück, und diese formen heute Norddeutschland.

Unter dem Gletscher hatte sich **Geschiebemergel**, ein kalkhaltiger Ton, abgelagert, der nun die sogenannte Grundmoräne bildete. Vor dem Gletscher wurden bis zu 100 m hohe Endmoränen aufgeworfen, Blockpackungen von Steinen steckten in ihrem Inneren. Das Schmelzwasser spülte den Sand aus dem Gletschertor, sodass vor den Endmoränen riesige Sanderflächen aufgeschüttet wurden. In den Steilküsten sind die eiszeitlichen Ablagerungen heute angeschnitten. Sie ermöglichen einen Blick in das Eiszeitalter: Grauer Geschiebemergel, brauner Geschiebelehm und helle **Schwelzwassersande**, die manchmal rostig verfärbt sind, sind ein farbenfrohes Erbe der Eiszeiten.

Bild rechts: Schräg geschütteter Schmelzwassersand, Dwasieden.

## Die wechselvolle Geschichte der Ostsee

Als die Gletscher der Weichsel-Kaltzeit vor etwa 12.000 bis 10.000 Jahren abzutauen begannen, füllte sich das heutige Ostseegebiet zwischen den aufgestauchten Moränen im Süden und dem Eispanzer im Norden mit Schmelzwasser. Das entstandene Becken wird als **Baltischer Eisstausee** bezeichnet. Rügen war zu dieser Zeit Festland.

Als sich der Eisrand bis nach Mittelschweden zurückzog, brach Salzwasser aus dem Atlantik und der Nordsee über den Skagerrak auf breiter Front ein. Als Leitform dieses brackig-salzigen Gewässers dient die Muschel *Portlandia arctica*, früher als *Yoldia* bekannt. Dieses ***Yoldia*-Meer** hatte bis etwa 8.000 bis 7.700 v. Chr. Bestand.

In der Folgezeit hat sich das von der Last des Eises befreite Land so weit gehoben, dass sich die Verbindung zum Ozean wieder schloss. Für rund 1.500 Jahre war die heutige Ostsee dann wieder süß und wird nach dem Vorkommen einer Schnecke als ***Ancylus*-See** bezeichnet.

Der Baltische Schild hob sich weiter, ein weltweiter Meeresspiegelanstieg setzte ein und große Flüsse aus dem Süden führten große Wassermassen in das Becken. Dies führte vor rund 6.000 Jahren zu einem Anstieg des Meeresspiegels im Ostseebecken um rund 15 m und damit zum Eindringen von salzigem Nordseewasser. Es entstand das bis heute größte Brackwassermeer der Erde. Dieses Stadium wird als ***Littorina*-Meer** (nach der Strandschnecke *Littorina littorea*) bezeichnet. Während dieser Zeit lagen nur die Inselkerne **Jasmund**, **Wittow** und **Granitz** oberhalb des Meeresspiegels. Die Brandung schlug an die neu entstandenen Steilküsten, Material wurde abgetragen und durch die Küstenströmungen in Form von Nehrungen wieder abgelagert. Auf diese Weise wurden Wittow und Jasmund durch die **Schaabe** sowie Jasmund und Granitz durch die **Schmale Heide** (S. 178) miteinander verbunden. Auch die beiden anderen, einst isoliert liegenden, zentralen Inselkerne um Bergen („Muttland") und Mönchgut sind durch ähnliche Küstenausgleichsprozesse durch Landbrücken und Ablagerungen zu einer einheitlichen Landmasse verschmolzen.

Vor 2.000 Jahren setzte dann eine leichte Aussüßung der heutigen Ostsee ein, die Schnecke *Limnea ovata* hielt Einzug (***Limnea*-Meer**). Seit 1.500 Jahren breitet sich die Sandklaffmuschel in der Ostsee aus, man spricht seitdem vom ***Mya*-Meer**.

Bild rechts: Überwachsene Dünen auf der Schaabe, zwischen Jasmund und Wittow.

## Steine am Strand

Neben der **anstehenden** Schreibkreide Rügens, die quasi an Ort und Stelle entstanden ist und lediglich durch die eiszeitlichen Gletscher aus dem Untergrund emporgehoben wurden, sind an allen Küsten Rügens auch eiszeitlich transportierte **Geschiebe** mit skandinavischer Heimat zu finden.

Der steinreiche **Geröllstrand** ist das Kennzeichen vieler Küsten rund um Rügen. Faust- bis kopfgroße Steine, Streifen mit kleinen Kieseln, dazwischen riesige Findlinge – sie alle sind eiszeitliche Zeugen, die die Gletscher vor rund 10.000 Jahren in Norddeutschland zurückgelassen haben. Die Vielfalt der Gesteine ist beeindruckend. Granite aus Bornholm liegen direkt neben vulkanischen Gesteinen aus Schweden und Finnland oder Ablagerungsgesteinen aus Dänemark und Estland. Die ältesten Gesteine sind mit 2 Milliarden Jahren etwa halb so alt wie die Erde. Die jüngsten erreichen auf der erdgeschichtlichen Zeitskala gerade einmal 50 Millionen Jahre. Viele von ihnen bergen Fossilien, versteinerte Überreste längst vergangener Welten. Kein Ort der Welt ist geologisch betrachtet so bunt wie der Ostseestrand.

Jede Küste hat dabei ihre Besonderheiten, ihre eigenen Schwerpunkte in der Geschiebeführung. Beispielsweise ist das Strandgeröll nördlich der Selliner Seebrücke auffallend bunt. Hier liegen jede Menge kristalliner Gesteine, jedoch sind Feuersteine die Ausnahme, obwohl die Kreideküste in Sichtweite ist. In Dwasieden südlich von Sassnitz finden sich auffallend viele Stinkkalke, so viele wie an keiner anderen Küste Rügens. Gesteine mit Heimat in Bornholm (DK) wie Toneisensteine mit Pflanzenresten, Bavnodde-Grünsand oder Arnager-Kalk sind aufgrund der räumlichen Nähe an allen Küsten Rügens häufig, auch die in der Oderbucht beheimateten Jura-Geschiebe.

Die Steine am Strand sind ständig in Bewegung. Sie rollen in der Strömung umher, schlagen in den Wellen gegeneinander, Ecken und Kanten runden sich ab. Intensiver Wellengang kann bis zu 1 m hohe Strandwälle auftürmen. Manchmal werden Steine durch die gewaltigen Kräfte des Meeres flach scheibenförmig abgeschliffen. Sturmhochwasser schichtet sie dachziegelartig am oberen Küstensaum auf. Nach lang anhaltendem ablandigem Wind kann der Rückschwall des Wassers eine große Menge an Sand mit sich bringen und die grobe Geröllpiste in feinsten Sandstrand verwandeln.

Bild rechts: Farbenfroher Geröllstrand bei Sellin.

## Die Kreideküste

Von Sassnitz bis zum Königsstuhl

**Anfahrt:** Parken kann man am besten auf dem Alstadtparkplatz im Steinbachweg in Sassnitz (gebührenpflichtig). Nach 500 m Fußweg erreicht man die Strandpromenade. Von hier aus am Kurplatz vorbei nach Norden, nach weiteren 500 m beginnt die Kreideküste. Von der Piratenschlucht bis zu den Wissower Klinken sind es 1 km, nach 1,5 km erreicht man die Ernst-Moritz-Arndt-Sicht und nach knapp 3,5 km steht man am Kieler Bach. Von hier bis zum Königsstuhl sind es nochmal rund 3 km.

**Beschreibung:** Am Ende der Kreidezeit erstreckte sich ein langgestrecktes Schelfmeer von Nordwesteuropa bis nach Polen. In dem Dänisch-Polnischen Becken war das Meer wohl maximal 100 m tief. Kalkplättchen von Milliarden mikroskopisch kleiner Algen, sogenannte Coccolithophoriden, bilden nach ihrem Absterben die Schreibkreide am Meeresgrund. Die Sedimentationsrate beträgt etwa 3,5 mm in 1.000 Jahren. Auf diese Weise bildete sich ein bis zu 340 m mächtiges Schreibkreidelager, durchsetzt mit Lagen knolligen oder plattigen Feuersteins. Kräfte im Erdinneren und Eisdruck durch die vorrückenden Gletscher stellten Kreideschollen steil. Die Kreide ragt bis 120 m in die Höhe. Zwischen den Kreideschollen sind eiszeitliche Ablagerungen in Form von Sand oder Geschiebemergel eingeschuppt. Rund um die Halbinsel Jasmund sind so 25 Kreidekomplexe aufgeschlossen. Seit dem Ende der Eiszeit nagt die Brandung an der Kreideküste. Mittlerweile ist ein erheblicher Küstenrückgang zu verzeichnen. Auch heute gibt es noch regelmäßig größere Küstenabbrüche. Versteinerungen in Kreide und Feuerstein werden freigesetzt und im Strandkies finden sich viele kleine ausgewaschene Fossilien.

**Wissenswertes:** Die Kreideküste ist nach starken Regenfällen und im Frühling, wenn der Frost aus der Wand geht, besonders gefährlich. Geschiebemergel wirkt wie Schmierseife, auf dem riesige Kreidekomplexe abrutschen können.

Friedrich von Hagenow erhielt 1832 das erste Nutzungsrecht für den Kreideabbau. Die per Hand geförderte Schreibkreide wurde mit dem Schiff nach Greifswald gebracht. Hier wurden die Feuersteine und grobes Material durch Ausschlämmen entfernt. Der stark verfallene Hagenow'sche Bruch befindet sich südlich des Kieler Bachs kurz vor der Steilküste.

Bild rechts: Kreidefelsen Rügen, Nationalpark Jasmund.

## Kap Arkona

Von Siebenschneiderstein am Gellort bis zum Fischerdorf Vitt

**Anfahrt:** Parken kann man ausschließlich auf dem Großparkplatz in Putgarten. Von hier fährt alle 15 min die Kap-Arkona-Bahn zum Leuchtturm. 200 m südlich des Peilturms führt die Veilchentreppe bis an den Strand. Die einstige Königstreppe am Leuchtturm mit ihren 230 Stufen ist komplett verfallen.

**Beschreibung:** Nach dem Abgang an der Veilchentreppe kann man zunächst nach Norden entlang der Kreideküste wandern. Die 43 m hoch aufragende Steilküste besteht aus Schreibkreide und eiszeitlichem Geschiebemergel. Nach langen Regenfällen, Sturm oder wenn im Frühling der Frost weicht, ist die Küste stark abbruchgefährdet! Bei hohem Wasserstand schlagen die Wellen an die Küste und machen ein Weiterkommen Richtung Norden oftmals unmöglich. Der Strand besteht hier fast ausschließlich aus Feuersteinen, die hin und wieder auch Fossilien enthalten. Lose im Strandkies finden sich Donnerkeile und zahlreiche Kleinfossilien wie Seeigelstacheln, Kugelschwämme, Seesternrandplatten, Seelilienstielglieder und vieles mehr.

Wenige Meter südlich der Veilchentreppe finden sich in der **Klüsser Nische** eingeschaltete zwischeneiszeitliche Eem-Ablagerungen. Häufig sind diese Schichten jedoch verstürzt.

Der breite Geröllstrand von der Veilchentreppe bis zum **Fischerdorf Vitt** bietet ein breites Geschiebespektrum, häufig sind Kalke der Oberen Linsenschicht, Keuperkonglomerate und Köpinge-Sandsteine vertreten.

Am **Gellort**, der nördlichsten Spitze Rügens, liegt der **Siebenschneiderstein**, ein 165 t schwerer Karlshamn-Granit mit Heimat in Blekinge (SE). Er gehört mit 1,45 Milliarden Jahren zu den jüngsten Graniten Schwedens.

**Wissenswertes:** Sehenswert sind der Schinkelturm und der neue Leuchtturm sowie der Peilturm. Direkt am Kliffufer befindet sich ein 25 m hoher Ringwall, die Reste der slawische **Jaromarsburg** aus dem 12. Jahrhundert. Von der ursprünglich 300 x 350 m großen Fläche ist aufgrund des Küstenrückgangs von 200 m in 1.000 Jahren nur noch ein Drittel der ursprünglichen Fläche erhalten. In der großen Scheune des Rügenhofs in Putgarten gibt es einen Fossilienladen. Kap Arkona verzeichnet 800.000 Besucher jährlich.

Bild rechts: Kreisefelsen Rügen, Kap Arkona.

## Promoisel

Kreidebruch

**Anfahrt:** Auf der B96 Richtung Sassnitz nach Klementelvitz abbiegen, dann erreicht man das Werk Rügen der Vereinigten Kreidewerke Dammann. Achtung! Der Zutritt ist ausschließlich im Rahmen geführter Exkursionen über das Kreidemuseum (S. 180) möglich!

**Beschreibung:** Auf den Halbinseln Wittow und vor allem Jasmund finden sich 90 bis 160 m mächtige Kreidevorkommen, die an der Ostküste in den beeindruckenden Kreidefelsen zu Tage treten. Aber auch im Hinterland Jasmunds steht in 1 bis 10 m Tiefe die Schreibkreide oberflächennah an. Die Geschichte des industriellen Kreideabbaus reicht in das Jahr 1832 zurück, als Friedrich von Hagenow am Kieler Bach in der Stubnitz den ersten Kreidebruch errichtete (S. 20).

Einst wurde die Schreibkreide mit der Spitzhacke aus der Wand gebrochen, mit Loren zum Rührwerk gefahren, in großen Bottichen ausgeschlämmt. In Absetzrinnen lagerten sich die Verunreinigungen ab, die milchige Kreidetrübe wurde in Absetzbecken geleitet, wo sich die Kreide in einer 30 cm dicken Schicht ablagerte, die durch wiederholte Einleitung auf über 1 m wuchs. Die breiige Masse wurde herausgeschaufelt und auf Ziegelsteinen, die der Kreide das Wasser entziehen, getrocknet. Der gesamte Prozess bis zur versandfertigen Kreide mit nur noch 5 Prozent Restfeuchte dauerte seinerzeit 8 Wochen. Mit der heutigen Produktionstechnik dauert es gerade einmal 8 Minuten.

1928 wurden 500.000 t Rohkreide und 80.000 t Schlämmkreide über die Häfen Sassnitz und Martinshafen verladen. Bis zum Zweiten Weltkrieg wurde hauptsächlich Rohkreide vermarktet, heute sind es fertige Produkte für Baustoffe, in der pharmazeutischen und chemischen Industrie, als Heilkreide oder zur Rauchgasentschwefelung.

**Wissenswertes:** Nach 1945 waren noch 19 Kreidebrüche auf Rügen in Betrieb, die 1957 in die VEB Vereinigte Kreidewerke Rügen überführt wurden. Heute gibt es lediglich noch einen einzigen Kreidebruch, die Kreidewerk Rügen GmbH im Verbund der Vereinigten Kreidewerke Dammann. Nach umfangreichen Modernisierungsmaßnahmen wird heute mittels Schaufelradbagger Schreibkreide abgebaut und über eine 2 km lange Bandanlage zur weiteren Aufbereitung ins Werk verbracht. Ein neues Abbaufeld bietet für die nächsten 100 Jahre 35 Millionen Tonnen abbauwürdige Kreide.

Bild rechts: Kreidebruch, Promoisel.

## Kleiner Königsstuhl

Stillgelegter Bruch am Kreidemuseum

**Anfahrt:** Anfahrt über Saagard und Neddesitz. Großer, öffentlicher Parkplatz am Precise Resort Rügen. Von hier aus 350 m bis zum Kreidemuseum Gummanz.

**Beschreibung:** Ein 350 m langer Natur- und Kreidelehrpfad führt vom Kreidemuseum zu einer Aussichtsplattform auf dem 126 m hohen **Kleinen Königsstuhl** (Bild rechts). Von einer Aussichtsplattform hat man einen fantastischen Ausblick über das Steinbruchgelände und die umliegende Landschaft. Auf den umliegenden Äckern kann man außerhalb der Vegetationsperiode helle Stellen erkennen,
die von oberflächennah anstehenden Kreideschollen im Untergrund herrühren. Der ehemalige Gummanzer Kreidebruch selbst kann nicht begangen werden, es bestehen keine Sammelmöglichkeiten. In seinem Zentrum befindet sich ein kleiner, aber 16 m tiefer See.

**Wissenswertes:** Das am Kreidebruch liegende Kreidemuseum informiert über den Kreideabbau, ihre Verarbeitung und Nutzung vom Beginn im Jahr 1832 bis zur modernen Kreideproduktion in heutiger Zeit. Durch Wasserzugabe werden die Feuersteine ausgeschlämmt. Die Kreide wird getrocknet, verpackt und zur weiteren Nutzung verschickt. Heute findet die Rügener Kreide u. a. bei der Fliesen- und Porzellanherstellung, als Zusatz zu Wandfarben, Fußbodenbelägen und elektrischen Kabeln, als Dünge- oder Futterkalk, zur Rauchgasentschwefelung und Gewässeraufbereitung, als Heilkreide und in der Kosmetik ihre vielfältige Verwendung. Auf dem Außengelände des Museums sind eine Lokomotive, Loren und Arbeitsgeräte ausgestellt, die zusammen mit den Schlämm- und Absatzbecken und Trocknungsunterständen einen Eindruck von der einst schweren Arbeit geben.

Tafeln entlang des Lehrpfads informieren neben dem Thema Kreide auch über die Eiszeit und die Fauna und Flora der renaturierten Kreidebrüche.

## Dwasieden

Kreidescholle und Sassnitzer Blumentöpfe

**Anfahrt:** Die Straße der Jugend führt zum Schulwohnheim, dort kann man am Fußballplatz Sassnitz parken. Ein Pfad führt am Sportplatz entlang durch den Wald an den Strand. Der Abstieg ist mit leichtem Klettern verbunden.

**Beschreibung:** Am Kliff von Dwasieden (Bild rechts) ist etwa ab der „**Hölle**" eine rund 400 m lange, weitgehend ungestörte Kreidescholle mit zahlreichen Feuersteinbändern aufgeschlossen. Sie gehört stratigraphisch in das Maastrichtium. Das ältere Campanium liegt in der benachbarten Prorer Wiek zwischen Sassnitz und Binz erst in 100 m Tiefe. Überlagert wird die Kreide von weichselzeitlichem Geschiebemergel.

Die Schreibkreide streicht im Wasser aus. Bei Hochwasser schlagen die Wellen an das Kliff. Aus diesem Grund findet man hier viele freigespülte, häufig bizarr geformte Feuersteine von tiefschwarzer Farbe und hellem Klang. Auf der Außenseite sind häufig Fossilien zu entdecken, zumeist Muscheln und Belemniten, aber auch Seeigel. Austern, Donnerkeile und mitunter recht große Pyrite (Bild links unten) liegen im Strandgeröll. Auch ausgewaschene Kleinfossilien sind im Spülsaum zu finden. Gelegentlich liegen halbe Paramoudras am Strand, hohle Feuersteinknollen, die auf Rügen traditionell als Pflanzgefäß verwendet werden („Sassnitzer Blumentöpfe").

Kreideschlieren finden sich an vielen Stellen der Steilküste. Am Kliffanfang unterhalb des Schlosses liegt die Kreide an der Basis unterhalb des Geschiebemergels. Sie ist nur sichtbar, wenn die Wellen den Klifffuß freigespült haben.

**Wissenswertes:** Die „Hölle" wird durch einen Findling mit gleichnamiger Aufschrift, der heute nahe der Wasserlinie liegt, gekennzeichnet. Am Höhenwanderweg, etwa in Höhe des Kreidekliffs, liegt am Waldrand ein sehenswertes jungsteinzeitliches Großsteingrab („**Fürstengrab**").

# Kieselschwämme

Porifera: Hexactinellida

**Alter:** 67 bis 69 Millionen Jahre
**Stratigraphie:** obere Kreide: oberes Unter-Maastrichtium
**Häufigkeit:** ●●●●●

**Beschreibung:** Kieselschwämme liegen in der Regel in Feuersteinerhaltung vor. Aufgrund der großen Variabilität in der Wuchsform sowie der schwierigen Bestimmung, bei der man in der Regel die winzigen Skelettnadeln des Stützgerüstes braucht, bleiben viele Funde nur „Schwämme“. Leicht bestimmbar sind die gurkenförmige *Aulaxinia* mit den typischen Längsrippen und der Klapperstein *Plinthosella. Aphrocallistes* besitzt einen Wurzelschopf mit fingerförmigen Fortsätzen und einen eingefalteten Trichter, der im Querschnitt an einen Reißverschluss erinnert. Becherschwämme wie *Rhizopoterion* oder *Ventriculites* tragen auf ihrer Außenwand ein charakteristisches Muster aus kleinen, regelmäßig angeordneten Öffnungen. Ein mäandrierendes Muster auf der Gesteinsoberfläche gehört zu Schwämmen der Gattungen *Plocoscyphia* oder *Becksia*. In Belemnitenrostren oder Austernschalen finden sich häufig die kugeligen Löcher eines Bohrschwamms, die als *Entobia* bezeichnet werden (S. 46).

**Fossilien:** *Aphrocallistes, Aulaxinia, Becksia, Entobia, Plocoscyphia, Plinthosella, Rhizopoterion, Ventriculites.*

**Wissenswertes:** Schwämme gehören zu den häufigsten Fossilien in der Rügener Schreibkreide.

**Abb. 1.** *Aulaxinia sulcifera*, L = 5–7 cm. **Abb. 2.** *Aphrocallistes* sp., B = 5 cm.
**Abb. 3.** *Plinthosella squamosa*, D = 3 cm. **Abb. 4.** *Plinthosella squamosa*, B = 3 cm.
**Abb. 5.** *Aphrocallistes* sp., B = 7 cm. **Abb. 6.** *Ventriculites* sp., B = 5 cm.

# TAFEL 1

## Kalkschwämme und Korallen

Porifera: Calcarea und Anthozoa: Scleractinia

**Alter:** 67 bis 69 Millionen Jahre
**Stratigraphie:** obere Kreide: oberes Unter-Maastrichtium
**Häufigkeit:** ●●●●●

**Beschreibung:** Neben den vielfältigen Kieselschwämmen kommen wenige Arten von Kalkschwämmen in der Schreibkreide von Rügen vor. Die häufigsten unter ihnen sind kleine Kugelschwämme, die wie Perlen ausgewaschen im Strandkies liegen. Ihre Größe schwankt zwischen 0,5 und 2 cm. Einige von ihnen sind von Würmern angebohrt. Während lose Funde von *Porosphaera* sehr häufig auftreten, gehören Funde im Feuerstein zu den Seltenheiten, können dort aber ihre ursprüngliche Bestachelung zeigen. Neben dem typischen *P. globularis* sind mehrere andere Arten bekannt. *P. adhaerens* wächst großflächig auf Substraten auf. *P. woodwardi* besitzt mehrere längs über die Oberfläche verlaufende Kanälchen, die von einem leicht zugespitzten Zentrum ausgehen. *P. patelliformis* ist flach schüsselförmig.

Stein-Korallen sind nur mit einer einzigen Art bekannt. Die kleinen Kelche der solitär lebenden Einzelkoralle *Parasmilia* besitzen deutliche Septen. Als Hexakorallen sind dies zunächst sechs, zwischen denen durch kontinuierliches Wachstum immer weitere zwischengeschaltet werden. Die unterschiedliche Septenlänge und -dicke zeigt aufeinanderfolgende Wachstumszyklen an.

Von Oktokorallen finden sich zumeist nur die aufgewachsenen Wurzelbasen (Bilder unten, BB = jeweils 3 cm).

**Fossilien:** Kalkschwämme (*Porosphaera globularis, P. adhaerens, P. nuciformis, P. woodwardi.*, *P. patelliformis* und einige andere Arten); Einzelkorallen (*Parasmilia excavata* in Flint und lose). Oktokorallen (*Moltkia*) als Aufwuchs.

**Wissenswertes:** Sowohl die kleinen Kugelschwämme als auch die nur wenig größeren Einzelkorallen kann man im Spülsaum zwischen dem Strandgeröll finden – an der Kreideküste und etwas seltener auch an den Geschiebestränden.

# TAFEL 2

**Abb. 1.** *Porosphaera globularis*, B = 0,5–2 cm.
**Abb. 2.** *Porosphaera globularis* mit Bohrlöchern, B = 0,5–1,5 cm.
**Abb. 3.** *Parasmilia excavata*, H = 3–4 cm.

# Muscheln

Mollusca: Bivalvia

**Alter:** 67 bis 69 Millionen Jahre
**Stratigraphie:** obere Kreide: oberes Unter-Maastrichtium
**Häufigkeit:** ●●●●●

**Beschreibung:** Muscheln gehören in der Schreibkreide zu den häufigsten Fossilien. Am bekanntesten ist sicher die dickschalige Blasenauster *Pycnodonte* (Bild rechts unten), die in Exemplaren von mehr als 10 cm Länge auftritt. Bei den flachen Kammmuscheln sind glattschalige (*Entolium, Syncylonema*) und berippte (*Lyropecten*) Arten bekannt. Die ebenfalls zu den Kammmuscheln gehörende *Neithea* besitzt eine gewölbte rechte Klappe mit einer artspezifischen Zahl von groben Rippen und eine viel kleinere, flache, aufliegende linke Klappe. Die Stachelauster *Spondylus* ist durch ihre langen Schalenfortsätze gekennzeichnet. Die etwas schiefovale *Plagiostoma* wird über 5 cm groß. Gelegentlich findet man Steckmuscheln der Gattung *Pinna*, die mit ihrer Schale im Sediment stecken. Nur der untere Teil der Schale ist erhalten, der weit längere Teil, der ins freie Wasser ragte, ist fossil nicht überliefert. Im unteren Schalenteil sind nicht selten gelbbräunliche Eipackungen zu sehen, die muschelbewohnenden Krebsen zugeordnet werden. Sehr häufig sind kleine glatte Schalenbruchstücke von *Inoceramus*, die im Querbruch ein charakteristisches Prismenmuster zeigen. *Inoceramus* wird mehrere Dezimeter groß, von Grönland sind 2 m lange Schalen bekannt.

**Fossilien:** *Atreta, Entolium, Inoceramus, Gyropleura, Hyotissa, Lyropecten, Miachlamys, Neithea, Plagiostoma, Pycnodonte, Pinna, Spondylus, Syncyclonema.*

**Wissenswertes:** Muschelschalen bestehen zumeist aus Calcit und sind somit fossil gut überlieferungsfähig. Grabende Arten sind oft Aragonitschaler und deshalb nur als Kreidesteinkerne erhalten.

**Abb. 1.** *Inoceramus* sp., B = 3 cm.
**Abb. 2.** *Miachlamys* sp., B = 4 cm.
**Abb. 3.** *Atreta* sp., B = 1,4 cm.
**Abb. 4.** *Lyropecten* sp., B = 2 cm.
**Abb. 5.** *Neithea* sp., B = 3 cm.
**Abb. 6.** *Pinna* sp., L = 6 cm.
**Abb. 7.** *Inoceramus* sp., L = 4 cm.
**Abb. 8.** *Plagiostoma* sp., B = 3,5 cm.
**Abb. 9.** *Spondylus* sp., B = 3,5 cm.

## TAFEL 3

## Kopffüßer & Schnecken

Cephalopoda: Belemnoidea, Nautiloidea, Ammonoidea

**Alter:** 67 bis 69 Millionen Jahre
**Stratigraphie:** obere Kreide: oberes Unter-Maastrichtium
**Häufigkeit:** ●●○○○ bzw. ●●●●●

**Beschreibung:** Bruchstücke der bernsteinfarbenen, radialstrahlig aufgebauten Rostren der Belemniten („Donnerkeile") sind die mit Abstand häufigsten Fossilien an den Stränden von Rügens Kreideküste (2), Exemplare in Feuerstein eingebettet (1) sind hingegen deutlich seltener.

Andere Kopffüßer wie Nautiliden (3) und Ammoniten (4–6) besitzen zumeist ein Gehäuse aus Aragonit, einer leicht löslichen Kalk-Variante. Ihre Gehäuse sind fossil weniger widerstandsfähig als die Calcit-Gehäuse von Seeigeln oder den meisten Muscheln. Ihre Gehäuse werden am Meeresgrund schneller zersetzt als die widerstandsfähigeren Calcit-Gehäuse von Seeigeln oder den meisten Muscheln. Aus diesem Grund sind ihre Fossilien in der Schreibkreide sehr selten und im Feuerstein sogar die Ausnahme.

**Fossilien:** Belemniten (*Belemnella occidentalis*), Ammoniten (*Hoploscaphites, Acanthoscaphites, Baculites*), Nautiliden (*Cymatoceras*, *Eutrephoceras*).

**Wissenswertes:** Auch Schnecken besitzen fast ausnahmslos ein Gehäuse aus Aragonit. Funde liegen in der Regel als Steinkern vor. Bei guter Erhaltung und Präparation zeigen sie allerdings als Prägesteinkerne viele Merkmale des Originalgehäuses. Typische Funde sind schlanke Formen der Verwandtschaft von *Exilia* (Bild rechts unten) und *Pleurotomaria* (Bild links unten).

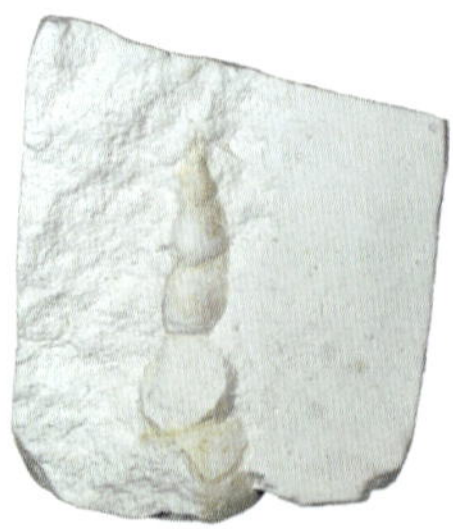

**Abb. 1.** *Belemnella* sp., L = 6 cm.
**Abb. 2.** *Belemnella* sp., B = 6 cm.
**Abb. 3.** *Cymatoceras* sp., D = 15 cm.
**Abb. 4.** *Acanthoscaphites* sp., B = 4 cm.
**Abb. 5.** *Acanthoscaphites* sp., B = 4 cm.
**Abb. 6.** *Acanthoscaphites* sp., B = 7 cm.

# TAFEL 4

1

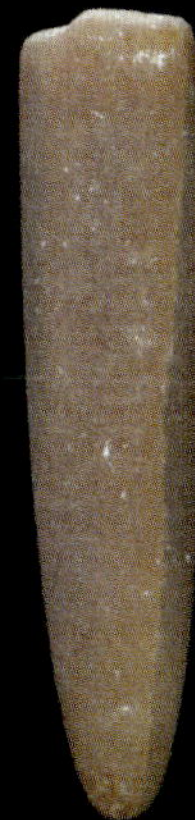

2

3

4

5

6

# Brachiopoden (Armfüßer)

Tentaculata: Brachiopoda

**Alter:** 67 bis 69 Millionen Jahre
**Stratigraphie:** obere Kreide: oberes Unter-Maastrichtium
**Häufigkeit:** ●●●●○

**Beschreibung:** Brachiopoden haben genau wie Muscheln ein doppelklappiges Gehäuse. Während Muscheln jedoch eine rechte und linke Klappe besitzen, die in der Regel zueinander symmetrisch sind, sind es bei Brachiopoden eine größere, untere und eine kleinere, obere Klappe, deren Symmetrieebene mitten durch jede einzelne Schale verläuft. Die untere Klappe besitzt ein Stielloch oder einen dreieckigen Einschnitt, das Delthyrium. Hier tritt ein fleischiger Stiel aus, mit dem das Tier am Untergrund angeheftet ist. Die obere Klappe trägt das tentakelbesetzte Armgerüst, das zur Nahrungsaufnahme und zur Atmung dient. Die bis 10 cm große *Neoliothyrina* (1) zeigt das Stielloch besonders schön. *Carneithyris* (2–3, Bild links unten) ist eiförmig im Umriß und deutlich gewölbt, manchmal etwas flachgedrückt. Die median stark gewölbten, verzahnten Schalen machen *Cretirhynchia* (4) unverkennbart. Die längliche, fein gerippte *Terebratulina* (4) wird etwa 2 cm lang. Alle folgenden Arten sind kleiner. *Gyrosoria* (5) trägt feine, aber deutliche Rippen, ebenso wir *Trigonisemus* (6), bei dem der Wirbel jedoch schnabelartig hochgebogen ist. *Magas* (7) ist rund und besitzt eine gewölbte und eine flache Klappe. Der kleine Totenkopf-Brachiopode *Isocrania* (8) gehört zu den schlosslosen Formen (Inarticulata).

**Fossilien:** Articulata: *Argyrotheca*, *Carneithyris, Cretirhynchia, Gyrosoria, Neoliothyrina, Terebratulina, Trigonisemus.* Inarticulata: *Isocrania.*

**Wissenswertes:** *Carneithyris, Cretirhynchia* und *Neoliothyrina* sind gelegentlich auch im Feuerstein zu finden, *Isocrania* nur sehr selten. Die winzigen zerbrochenen Äste der mit den Brachiopoden verwandten **Bryozoen** (Moostierchen, kleines Bild rechts) kann man in großer Zahl im Strandauswurf finden.

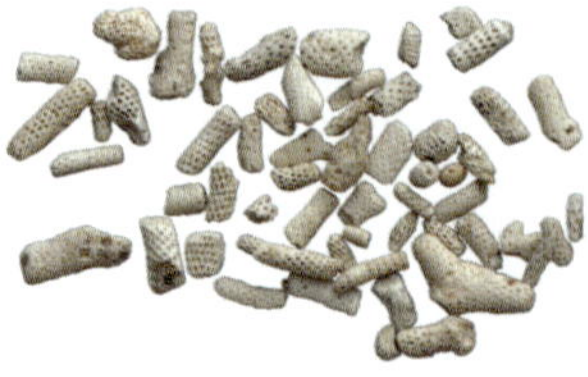

**Abb. 1.** *Neoliothyrina obesa*, B = 7 cm. **Abb. 2.** *Carneithyris subcardinalis*, B = 3–4 cm. **Abb. 3.** *Cretirhynchia retracta*, B = 2 cm. **Abb. 4.** *Terebratulina chrysalis*, B = 1,5 cm. **Abb. 5.** *Gyrosoria gracilis*, B = 1 cm. **Abb. 6.** *Trigonosemus pulchellus*, B = 1 cm. **Abb. 7.** *Magas chitoniformis*, B = 0,5 cm. **Abb. 8.** *Isocrania costata*, B = 0,7 cm.

# TAFEL 5

# Reguläre Seeigel

Turban- und Kronenseeigel

**Alter:** 67 bis 69 Millionen Jahre
**Stratigraphie:** obere Kreide: oberes Unter-Maastrichtium
**Häufigkeit:** ●●○○○

**Beschreibung:** Jeder Mittelmeer-Urlauber wird die mit langen Stacheln versehenen Seeigel kennen, die auf den Felsen sitzen und mit ihrem Mundwerkzeug, der „Laterne des Aristoteles", Algen von den Felsen knabbern. Ein äußerst seltener Fund mit solch einem erhaltenem Kauapparat ist im Bild links unten abgebildet. Reguläre Seeigel sind radiärsymmetrisch ohne ein definiertes Vorder- oder Hinterende. Sie haben fünf Doppelreihen von Poren- (Ambulakral-) platten mit kleinen Porenlöchern, aus denen die Ambulakralfüßchen austreten, sowie fünf Doppelreihen von Nichtporen- (Interambulakral-)platten. Auf deutlichen Stachelwarzen sind Stacheln befestigt, die sich mit Hilfe von Muskeln bewegen lassen. Die Stacheln können der Bewegung, Tarnung oder Verteidigung dienen. Die Mundöffnung liegt bei den regulären Seeigeln auf der Unterseite, die Afteröffnung oben.

Reguläre Seeigel sind sehr viel seltener als irreguläre Seeigel, ihre zerbrochenen Stacheln gehören allerdings zu den häufigsten Funden zwischen den ausgewaschenen Kieseln an den Kreideküsten Rügens.

**Fossilien:** *Gauthieria, Phymosoma, Stereocidaris, Temnocidaris, Trochalosoma,* Saleniden (seltene Gattungen und Kleinformen wie *Palaeodiadema,* Echinothuridae, *Hemidiadema*).

**Wissenswertes:** Cidaridae besitzen wenige große Gehäuseplatten mit einer prominenten Stachelwarze. Ihre Stacheln sind kräftig, mit Rippen oder kleinen Dornen versehen, am Ende spitz oder kronenförmig verbreitert. Die flachen, aus kleinen Platten bestehenden Phymosomatidae tragen je nach Art lange, dünne und glatte Stacheln.

**Abb. 1.** *Stereocidaris* sp., L = 7 cm.
**Abb. 2.** *Stereocidaris pistillum*, L = 7 cm.
**Abb. 3.** *Stereocidaris* sp., D = 6 cm.
**Abb. 4.** *Stereocidaris* sp., D = 4 cm.
**Abb. 5.** *Gauthieria princeps*, D = 4 cm.
**Abb. 6.** *Phymosoma granulosum*, D = 6 cm.

# TAFEL 6

1

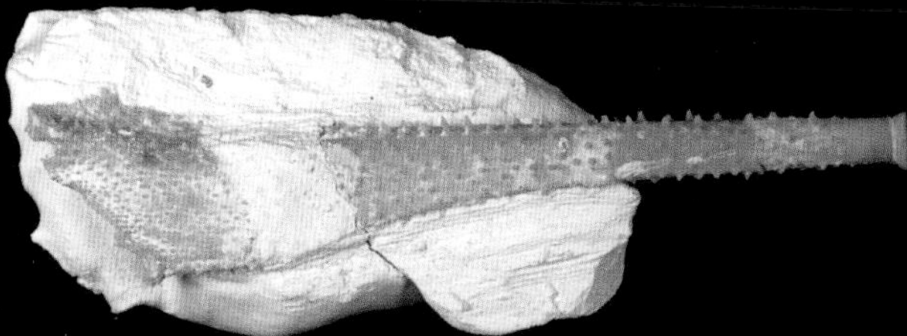

2

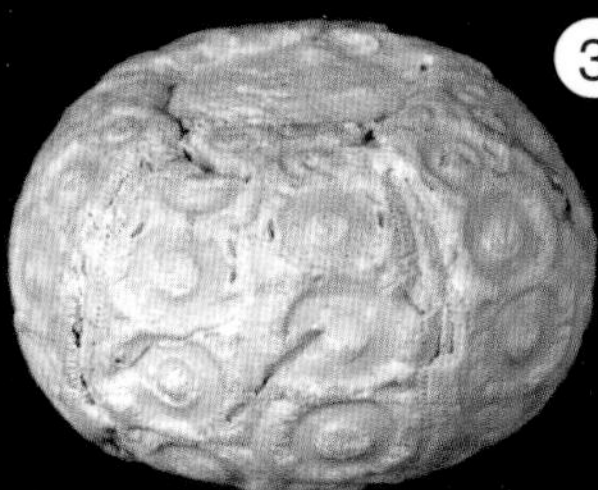

3

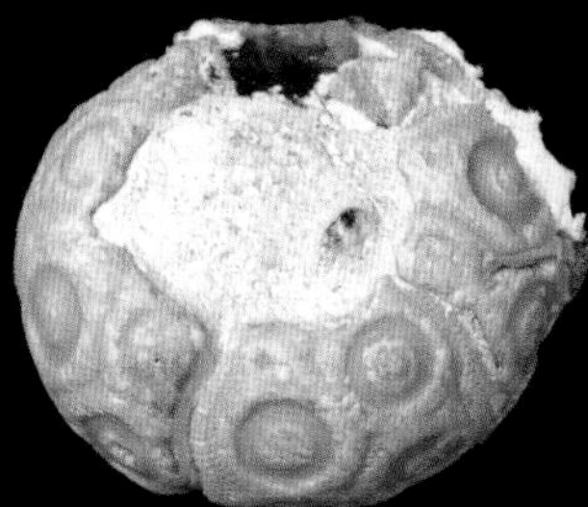

4

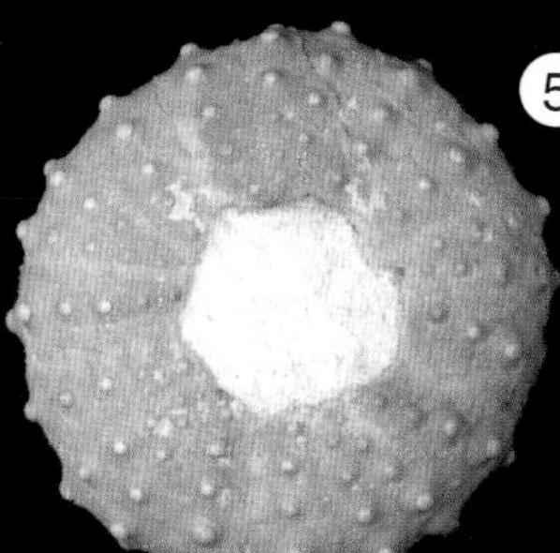

5

6

# Irreguläre Seeigel

Herzseeigel und andere Formen

**Alter:** 67 bis 69 Millionen Jahre
**Stratigraphie:** obere Kreide: oberes Unter-Maastrichtium
**Häufigkeit:** ●●●●●

**Beschreibung:** Irreguläre Seeigel sind bilateral symmetrisch, sie besitzen also ein Vorder- und ein Hinterende. Mund- und Afteröffnung der Tiere befinden sich auf der Unterseite. Die Ambulakralfelder zeigen auch hier eine doppelte Lochreihe. Die Interambulakralfelder sind eher glatt. Als zumeist grabende Lebewesen besitzen sie nur ein Kleid aus sehr kurzen Stacheln, die eher wie Härchen aussehen und in der Regel nicht am Gehäuse sitzend erhalten sind.

In ausgeschlämmten Kreideproben kann man Reste eines kleinen, sehr zerbrechlichen und ganz besonderen Seeigels finden, der weitgehend im Meeresboden lebte: *Hagenowia* besitzt auf der Vorderseite ein schnorchelartig weit ausgezogenes Rostrum, dessen Bruchstücke an ihrer charakteristischen Form (Bilder unten, L = 2 cm) gut zu erkennen sind.

**Fossilien:** *Cardiaster, Conulus, Cyclaster, Diplodetus, Echinocorys, Echinogalerus, Galerites, Hagenowia, Offaster, Peroniaster, Sternotaxis.*

**Wissenswertes:** *Echinocorys* ist mit Abstand der häufigste Seeigel, der sowohl in der Schreibkreide als auch im Geschiebe auf Rügen zu finden ist, dicht gefolgt von dem etwas kleineren *Galerites*, der als Steinkern kaum näher zu bestimmen ist und meistens den Arten *G. stadensis* oder *G. vulgaris* zugehört.

In alter Zeit wurden auf Mönchgut Seeigelsteinkerne als „Immensteen" („Bienenstein") bezeichnet, weil sie den Bienenstock vor Unheil schützten.

**Abb. 1.** *Echinocorys sulcatus*, a. Oberseite, b. Seitenansicht. c. Unterseite. B = 9 cm.
**Abb. 2.** *Cardiaster granulosus*, B = 6 cm.
**Abb. 3.** *Galerites* sp., B = 2–4 cm.

# TAFEL 7

## See- und Schlangensterne, Seelilien; Krebse; Würmer

Echinodermata: Asterozoa, Ophiuroidea, Crinoidea; Crustacea: Cirripedia; Annelida: Polychaeta

---

**Alter:** 67 bis 69 Millionen Jahre
**Stratigraphie:** obere Kreide: oberes Unter-Maastrichtium
**Häufigkeit:** ●●●●●

**Beschreibung:** Stachelhäuter (Echinodermata) besitzen ein Skelett aus Kalkspat, das aus vielen einzelnen Elementen besteht. Nach dem Tod der Tiere zerfällt das Skelett in seine Einzelteile, nur selten bleiben diese im Verbund liegen. **Seesterne** tragen kräftige Randplatten (1–2), die lose im Strandkies gefunden werden können. Selten sind Teile der filigranen **Schlangensterne** (3). Die aus hunderten einzelner Glieder bestehenden Stängel der **Seelilien** (d) werden in der Regel nur in kurzen Stücken geborgen. Häufig sind allerdings die rundlichen, blumen- oder sternförmigen Stielglieder (Bilder unten).

Das Skelett der festsitzenden, zu den Rankenfusskrebsen gehörenden **Seepocken** (Cirripedia) (4) besteht aus vielen einzelnen, unterschiedlichen, meist schnabelartigen Platten. Komplette Funde sind die Ausnahme.

Von den **Meeresborstenwürmern** (5–8) sind fossil fast ausnahmslos die festsitzenden Arten (Sedentaria) durch ihre kalkigen Röhren nachweisbar. Diese sind meistens auf ein hartes Substrat (Seeigel, Donnerkeil, Austernschale u. a.) aufgewachsen.

**Fossilien:** Seesterne (*Metopaster, Recurvaster*); Schlangensterne (*Ophiomusium*) Seelilien (*Isselicrinus* (a), *Nielsenicrinus* (b), *Amphorometra* (c), *Isocrinus*); Cirripedier (*Acroscalpellum*); Ringelwürmer (*Cycloserpula, Orthoconorca, Nogrobs*).

**Wissenswertes:** Die vielfach gewundene Kalkröhre von *Cycloserpula gordialis* (5, früher *Glomerula*) ist nach dem Gordischen Knoten benannt.

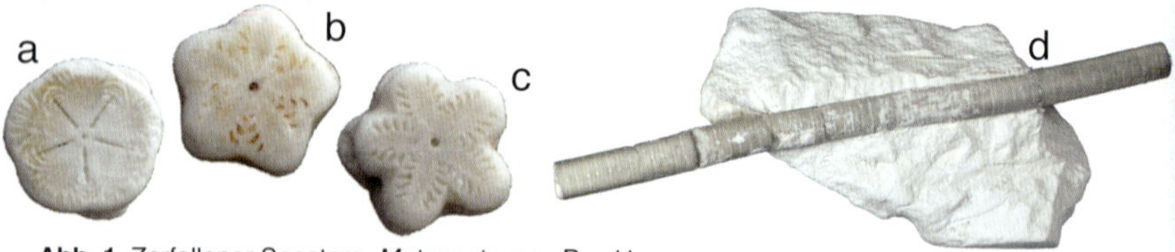


**Abb. 1.** Zerfallener Seestern, *Metopaster* sp., B = 11 cm.
**Abb. 2.** Randplatten von *Metopaster*, B = 1,5 cm. **Abb. 3.** Zerfallene Zentralscheibe des Schlangesterns *Ophiomusium granulosum*, D = 1,8 cm. **Abb. 4.** *Acroscalpellum maximum*, L = bis 3,5 cm, vollständiges Ex. L = 1,8 cm. **Abb. 5.** *Cycloserpula gordialis*, B = 0,5 cm. **Abb. 6.** *Orthoconorca conica*, B = 0,5 cm. **Abb. 7–8.** *Nogrobs canteriata*, B = bis 1,5 cm.

# TAFEL 8

## Spurenfossilien

Ichnofossilia

**Alter:** 67 bis 69 Millionen Jahre
**Stratigraphie:** obere Kreide: oberes Unter-Maastrichtium
**Häufigkeit:** ●●●●●

**Beschreibung:** Sowohl in der Schreibkreide als auch auf und in den Feuersteinknollen kann man vielfältige Lebensspuren finden. Eine solche Ichnofauna spiegelt quasi das fossile Verhalten ausgestorbener, bodenbewohnender Organismen des kreidezeitlichen Meeres wider. Man unterscheidet Bewegungs-, Fress-, Bohr- und Grabspuren und viele weitere.

*Rhizocorallium* bezeichnet eine u-förmige, horizontal verlaufende Röhre. Die Spreiten von *Zoophycus* schrauben sich um eine vertikale Achse nach unten. *Taenidium* ist ein Stopfbau ähnlich *Rhiozocorallium*, aber ohne seitliche Röhre. Teilweise verzweigte, dünne Fressgänge gehören zu *Chondrites.* Sehr häufig sind die hohlen Gänge von *Phymatoderma*. Als *Lepidenteron* bezeichnet man hohle Röhren, die mit Fischschuppen und -knochen ausgekleidet sind und von Meeresborstenwürmern angelegt werden. Die bekannten „Sassnitzer Blumentöpfe“ sind Teile eines gigantischen Gangsystems. Um eine mehrere Meter lange, aber nur einen halben Zentimeter dicke Wohnröhre eines unbekannten Wurms bildete sich durch komplizierte chemische Vorgänge eine charakteristische Flintwandung. Das Spurenfossil nennt sich *Bathichnus paramoudrae*, die hohlen, bis 60 cm großen Feuersteine Paramoudras (Bild rechts unten).

**Fossilien:** *Bathichnus, Chondrites, Entobia, Lepidenteron, Phymatoderma, Rhizocorallium, Taenidium, Zoophycus.*

**Wissenswertes:** Auch in Belemnitenrostren, Austernschalen und anderen Fossilien finden sich Bohrspuren verschiedener Organismen. Am bekanntesten sind sicher die kugeligen, durch einen schmalen Kanal verbundenen Kammern des Bohrschwamms *Cliona*, die Bohrgänge bezeichnet man als *Entobia*.

**Abb. 1.** *Phymatoderma granulata*, B = 10 cm.
**Abb. 2.** *Lepidenteron lewesiensis*, L = 6 cm.
**Abb. 3.** *Rhizocorallium commune*, L = 8 cm.
**Abb. 4.** *Zoophycus* ichnosp., B = 4 cm.
**Abb. 5.** *Entobia cretacea*, L = 3 cm.

# TAFEL 9

1

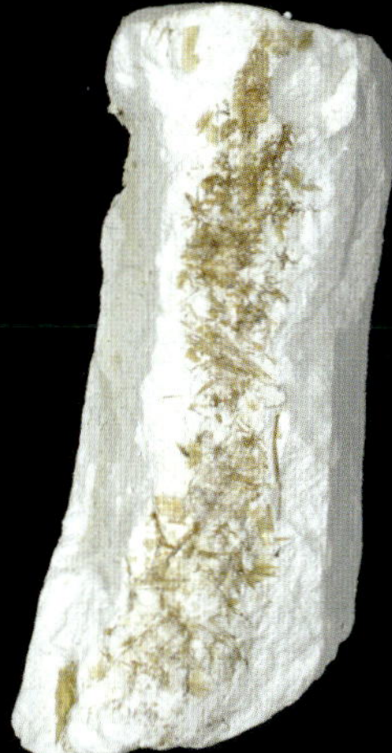

2

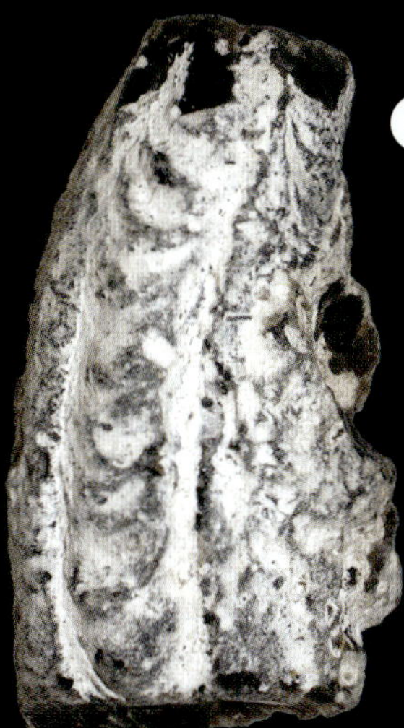

3

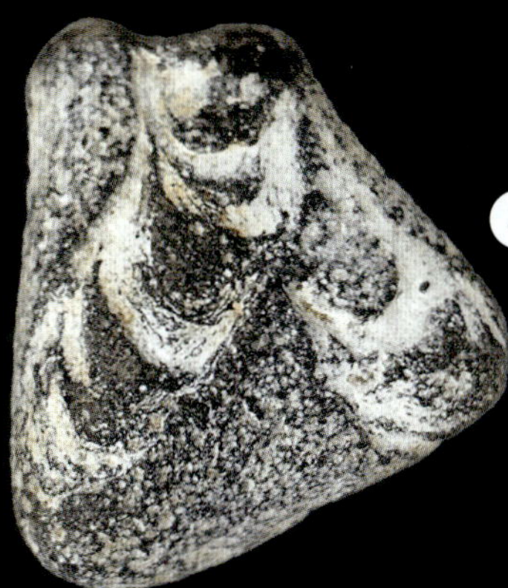

4

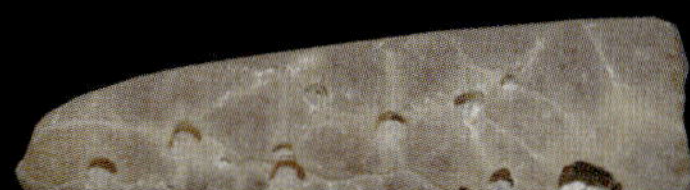

5

## Alt Reddevitz

Rund um das Reddevitzer Höft

**Anfahrt:** Parken kann man auf dem Parkplatz bei der Störtebeker Brauerei („Strandburg“, gebührenfrei). Von hier aus sind es rund 3,5 km bis zum Aussichtspunkt an der Westspitze der Halbinsel.

**Beschreibung:** Das Reddevitzer Höft ist eine etwa 4 km lange und 200 bis maximal 500 m breite Halbinsel, die weit in den Greifswalder Bodden hineinragt. Nördlich der Landzunge liegt die Having, südlich die Hagensche Wiek. Eine nur 130 m breite Landenge verbindet Alt Reddevitz mit Mönchgut. An der westlichen Spitze ragt die Steilküste 33 m empor.

Die Steilküste südlich des Waldes ist sehr unwegsam, teilweise unbegehbar. Es gibt keinen offiziellen Abstieg. Der Uferstreifen ist teilweise sehr schmal (Bild rechts), bei Hochwasser ist hier kein Durchkommen. Das Kliff zeigt an einigen Stellen feinste Sandablagerungen und Beckenschluff. Neben Sandsteinen mit Holzresten aus dem Rhät-Lias oder der Unterkreide finden sich Eophyton-Sandsteine, *Macroura*-Kalk, Kelloway-Geschiebe, Echinodermen-Konglomerat, Aschgraues Paläozän, und lose Funde von *Ophiomorpha*. Zwischen den kleinen Kieseln finden sich Korallen, Haizähne und Seeigel. Nach auflandigen Winden sind häufig rötliche Schwermineralseifen zu beobachten. An der Westseite findet sich ein halbhohes Kliff aus Geschiebelehm mit einem mäßig breiten Geröllstrand. Der Geschiebelehm im nördlichen Kliffbereich weist zahlreiche netzförmige Risse auf.

**Wissenswertes:** Am Westkliff des Reddevitzer Höftes liegen viele angespülte Muscheln am Strand, darunter auch eine neue, invasive Art – die Brackwasser-Trogmuschel *Rangia cuneata* (Bild links unten), die ursprünglich aus Mexiko stammt und sich seit 2004 von Belgien ausgehend in Europa ausbreitet.

## Binz

Von Binz bis zum Silvitzer Ort

**Anfahrt:** Es gibt am Klünderberg und an der Kurverwaltung einige Parkplätze. Von hier gelangt man über die Strandpromenade an den Strand. Man kann auch den Höhenwanderweg von Binz nach Sellin nehmen und an der 1 km hinter Binz gelegenen Teufelsschlucht zum Strand absteigen. Dieser 130 m lange Hohlweg ist tief in das Gelände eingeschnitten.

**Beschreibung:** Binz ist der nördlichste Abschnitt der **Granitz**, einem alten Inselkern, der aus mächtigen Sandablagerungen besteht. Ein Großteil der Küste ist bewaldet (Bild rechts). Bewachsene Abschnitte wechseln sich mit Sandhängen ab. Nachrutschender Sand wird durch Brandungswellen fortgespült, in dessen Folge ein sehr steinreicher Blockstrand zurückbleibt. Viele herabgestürzte Bäume liegen quer über dem Strand. Zwischen **Silvitzer Ort** und **Granitzer Ort** bedecken viele überkopfgroße Steine den Strand, auf denen man nur schwer laufen kann. Mancherorts ist anstehender Geschiebemergel in der Wand auszumachen. Hier sind gekritzte Geschiebe (Bild links unten) häufig.

Die häufigsten Geschiebefunde sind unterkambrische Sandsteine mit Spuren von *Skolithos* oder *Monocraterion*. Zudem kommen Wellenrippeln im Jotnischen Sandstein, Orthocerenkalke, viele Silur-Geschiebe, Kelloway-Sandsteine mit Muscheln, Jura-Konglomerate mit Holzresten, Toneisensteine, Unterkreide-Geschiebe und Echinodermen-Konglomerat vor.

**Wissenswertes:** Man kann bei ausreichender Zeit und Kondition die 6 km am Strand entlang von Binz bis nach Sellin laufen. Manchmal versperren umgestürzte Bäume den Weg, sodass kleinere Kletterpartien nötig sind.

## Dwasieden

Geschiebeküste und Kreideschollen

**Anfahrt:** Die Straße der Jugend führt zum Schulwohnheim, dort kann man am Fußballplatz Sassnitz parken. Ein Pfad führt am Sportplatz entlang durch den Wald an den Strand. Der Abstieg ist mit leichtem Klettern verbunden.

**Beschreibung:** Am Strand fällt zunächst die ehemalige Uferbefestigung des Schlosses Dwasieden aus großen Blöcken Lausitzer Granites auf. In der bis 20 m hohen Küste sind oben feine Bändertone und Schlufflagen aufgeschlossen, darunter liegt eine 3 m mächtige Blockpackung mit großen Geschieben, früher berühmt als Trilobitenfundstelle. Zu DDR-Zeiten wurden fossilführende Kalke unter großer Gefahr aus der Wand gegraben. Der breite, sehr fossilreiche Geschiebestrand führt unterkambrische Sandsteine mit Spurenfossilien, mittelkambrischen Eophyton-Sandstein, *Exporrecta*-Kgl, Stinkkalke, sehr viele Orthocerenkalke, *Ludibundus*-Kalke, *Nileus*-Kalke, Kullsberg- und Bodakalk, Graptolithen-Gestein, Beyrichien-Kalk, Phaciten-Oolithe, Trias-Konglomerate, Sphaerosiderite und Toneisensteine mit Pflanzenresten, Höör-Sandstein, Köpinge-Sandstein, lose Seeigel und Danium-Kalke. Etwa auf der Hälfte der 2 km langen Küste befindet sich die mit einem Findling gekennzeichnete „**Hölle**". Kurz danach liegt eine steilgestellte und im Wasser ausstreichende Kreidescholle mit bizarr geformten Feuersteinen (S. 28). Häufig finden sich aufgelagerte Fossilien, kiloschwere Pyrite, zerbrochene Paramoudras. Die Scholle reicht bis zu einem oben an der Küste gelegenen ehemaligen Golfplatz. Verschlagene Bälle gehörten hier zu den häufigen Strandfunden. An der Küste kommt auch Rosa Faserkalk vor. Hinter der Kreidescholle stecken im oberen Teil der Küste Sedimente nacheiszeitlicher Seen, die mit Torf und Holzresten durchsetzt sind und voller Schnecken und Muscheln stecken, leider in schlechter Erhaltung. Das Geschiebelehmkliff mit mehr oder weniger steinreichem Geröllstrand setzt sich bis kurz vor den Mukraner Hafen fort.

**Wissenswertes:** Auf dem Weg zum Strand befindet sich eine Kriegsgräbergedenkstätte. Unbedingt sehenswert ist die Ruine des „**Weißen Schlosses am Meer**" im Wald, erbaut von 1873 bis 1877 von Bankier Adolph von Hansemann. Der einstige Prachtbau wurde aufgrund seiner militärischen Nutzung 1948 gesprengt. Der benachbarte Marstall wurde 1997 durch ein Feuer weitgehend zerstört.

Bild rechts: Steinreicher Blockstrand vor Schmelzwassersanden in der Steilküste bei Dwasieden.

## Göhren

Vom Buskam rund um das Nordperd bis zum Südstrand

**Anfahrt:** Vom Parkplatz Zentrum, Bahnhofstr. 1a, direkt an den Strand. Von hier aus hat man einen guten Blick auf den Buskam (Bild rechts). Am Strand geht es weiter Richtung Osten. Der Weg rund um das Nordperd ist etwa 3,5 km lang, von Parkplatz zu Parkplatz sind es etwa 4,5 km.

**Beschreibung:** Das **Nordperd** ist die östlichste Landspitze der Insel Rügen. Die über 100 Jahre alte Uferschutzmauer im Osten schützt das Kliff vor weiterer Abtragung. Das Kliff am Nordstrand ist zum großen Teil bewachsen, es gibt aber einige offenen Stellen, an denen Rutschungen des Schmelzwassersandes zu beobachten sind, die den tieferliegenden Geschiebemergel bedecken. Am Strand finden sich zahlreiche Geschiebe, unter denen verschiedene Orthocerenkalke, Palaeoporellenkalk, Crinoidenkalke, Riffschuttkalk des Silur, Beyrichienkalke oder Kalksandsteine des Kelloway besonders häufig sind. Auch Bernstein kann, besonders nach Ostwinden, am Strand zwischen Seetang und Sprockholz auftreten. Die Wanderung über die Uferschutzmauer kann etwas beschwerlich sein. Der Südstrand besteht überwiegend aus Sand, aber auch hier gibt es ein Steilufer mit einem vorgelagerten Geröllstrand.

**Wissenswertes:** Der **Buskam**, Deutschlands größter Findling, liegt etwa 350 m vor Göhrens Nordstrand in 6 m tiefem Wasser. Bei normalem Wasserstand ragt der Findling etwa 1,50 m über die Oberfläche empor. Der riesige Stein hat einen Umfang von 24 bis 27,5 m und ein Volumen von 200 m³. Er wiegt rund 550 t. Beim Buskam handelt es sich um einen 1,46 Milliarden Jahren alten Hammergranit mit Heimat in Bornholm.

Vom Nordperd bis zum 11 km entfernten **Südperd** bei Thiessow erstrecken sich weite Sandstrände, unterbrochen nur vom Kliff am Lobber Ort (S. 60).

## Groß Zicker

Rund um das Groß Zickersche Höft

**Anfahrt:** Anfahrt auf der Hauptstraße durch Groß Zicker, Parkplatz am Ende des Dorfs (Boddenstraße); zu Fuß durch die Zickerschen Alpen bis zum Nonnenloch, hier führt eine Treppe an den Strand.

**Beschreibung:** Am **Nonnenloch** liegen mehrere ansehnliche Findlinge am Strand (Bild rechts). Der nördliche Findling ist ein 15 $m^3$ großer Vänge-Granit mit einem Gewicht von 40 t, der südliche, etwas aufragende Findling misst 10 $m^3$ und wiegt 27 t. Geht man vom Nonnenloch nach Norden, so liegt dort ein großer Jotnischer Sandstein mit hellen Entfärbungsflecken. Die Küste besteht aus grauem Geschiebemergel, der nach Norden hin ausdünnt und in braunen Geschiebelehm übergeht. Viele Kalke tragen Gletscherschrammen. Im Blockstrand liegen zahlreiche Großgeschiebe. Wendet man sich vom Nonnenloch nach Süden trifft man zunächst auf mächtige Schmelzwassersande, später folgt ein Geschiebestrand. An seinem höchsten Punkt erreicht das Kliff 30 m Höhe.

Bei einer Wanderung rund um das Zickersche Höft kann man die Küstenerosion gut verfolgen. Während es bei den lockeren Schmelzwassersanden zu Rutschungen kommt, ist bei den Geschiebemergelkliffs der Abbruch größerer Massen zu beobachten. Schmelzwassersande bilden einen schrägen Abhang, Geschiebemergel ragt steil empor, am Klifffuß finden sich verstürzte Brocken.

Rund um das Zickersche Höft findet sich viel Silur, darunter Beyrichienkalke, silurische Korallen, Phacitenoolith, Crinoiden-Kalke und das Grünlichgraue Graptolithen-Gestein. Kelloway-Geschiebe enthalten manchmal große Muscheln und Ammoniten. Auch Köpinge-Sandstein und Echinodermen-Konglomerat kommen häufig vor. Zwischen den kleinen Geröllen am Strand finden sich lose Seeigel, Donnerkeile, Schwämme und Austern, auch an der Sandküste.

**Wissenswertes:** In den Zickerschen Alpen liegt auf halber Strecke südlich des Höhenweges der **Breitenstein**, ein Findling von 18 $m^3$ und einem Gewicht von 49 t. Er ist vom Wanderweg aus jedoch nicht zu sehen.

## Klein Zicker

Einmal um das Klein Zickersche Höft

**Anfahrt:** Parkplatz in Klein Zicker am Ortseingang. Vom Parkplatz nach Süden an den Strand, von hier aus rechts Richtung Westen, einmal um das Höft herum. Gesamtstrecke 2,5 km.

**Beschreibung:** Rund um das Zickersche Höft (Bild rechts) findet sich ein nicht besonders hohes, aber aktives Kliff, das überwiegend aus braunem Geschiebelehm besteht. Am westlichsten Punkt liegt mit 38 m der höchste Punkt der Halbinsel. Hier befindet sich ein Aussichtspunkt mit Sitzbank und Infotafeln. Unterhalb ist in der Küste sehr feinkörniger Schmelzwassersand aufgeschlossen, eingeschaltet finden sich grobkörnige Kiesbänder. Weiter Richtung Norden besteht das Kliff aus grauem Geschiebemergel mit braunen Kluftrissen und braunem Geschiebelehm. Hier können in der Steilwand kreidezeitliche Seeigel gefunden werden.

Der reiche Blockstrand bietet vielfältige Fundmöglichkeiten, so Bodakalk und Kullsbergkalk aus dem Ordovizium, Girvanellen-Kalk aus dem Silur und den auf Rügen überall anzutreffende Kelloway-Sandstein mit reicher Muschelführung.

**Wissenswertes:** Der westliche Küstenabschnitt wird **Saalsufer** genannt. Hier war auf den großen Steinen ehemals ein Liegeplatz für Seehunde („Saalhund“ ist der plattdeutsche Ausdruck für „Seehund“, angelehnt an das dänische „Sæl“ oder das englische „Seal“). Übrigens galt in früheren Zeiten der Seehund als Meeresungeheuer. Deshalb wurden auf Rügen den Kindern von ihren Müttern Messer zum Schutz in die Wiege gelegt, damit sie sich verteidigen konnten, wenn der Seehund aus dem Meer steigt.

Im Süden von Klein Zicker wurden im Jahr 2008 auf 291 m Länge 10.000 t Geröll und 2.850 t Granitsteine als Küstenschutz aufgebracht. Die Maßnahme kostete 690.000 €. Die Entnahme von Steinen aus dieser Blockpackung ist verboten und steht unter Strafe.

## Lobber Ort

Zwischen Thiessow und Göhren

**Anfahrt:** Parkplatz am Göhrener Weg 3a (gebührenpflichtig).

**Beschreibung:** Das etwa 15 m hohe Steilufer am Lobber Ort (Bild rechts) liegt eingebettet zwischen den Sandstränden von Thiessow und Göhren. Es ist Teil eines kleinen Inselkerns bei Lobbe. Das Kliff besteht im unteren Teil aus grauem Geschiebemergel, darüber liegt brauner Geschiebelehm mit eingeschalteten Sandlinsen, in denen Uferschwalben brüten. Viele Schichten sind glazialtektonisch verbogen. Bereits 1871 wurde am Lobber Ort eine Kohlelinse entdeckt, die so mächtig war, dass sie noch in den 1960er Jahren einem Lotsen als Heizmaterial diente. Heute ist diese Scholle völlig abgetragen. Man hat Jura, Unterkreide oder Tertiär als mögliches Alter diskutiert. Das Kliff ist sehr aktiv, große Abbrüche sind häufig. Brandungswellen spülen das Lockermaterial fort, das sich südlich des Lobber Ortes als Sandhaken absetzt. Abhängig von der Jahreszeit, Wind- und Strömungsrichtung kann der abgelagerte Sand auch wieder vollständig abgetragen sein.

Je nach Sandbedeckung können an dem Blockstrand häufig Geschiebe mit Heimat auf Bornholm und in Südschweden gefunden werden, so Köpinge-Sandstein oder Bavnodde-Quarzit, Toneisensteine mit Pflanzenresten, zudem *Macroura*-Kalk, ordovizische und sillurische Graptolithen-Schiefer, Kieselschiefer (Lydit), dunkle Gault-Geschiebe, Saltholm-Kalk, Echinodermen-Konglomerat und Aschgraues Palöozän. Häufig sind gekritzte Geschiebe.

**Wissenswertes:** In dem von Rissen durchsetzten Kliff sammelt sich Grundwasser. Nach langen Regenfällen oder in Frostperioden kann das sich ausdehnende Wasser große Brocken aus der Küste sprengen und plötzlich zu Boden stürzen lassen. Auf diese Weise ist 2005 eine Frau bei einem 20 m³ großen Uferabbruch aus 10 m Höhe ums Leben gekommen.

Am Lobber Ort liegt der Fritz-Worm-Stein, ein 17 m³ großer und 46 t schwerer Findling. Um 1913/14 brach der Stein aus der Steilküste, heute liegt er etwa 20 m vor dem Kliff. Man verzeichnet somit am Lobber Ort einen durchschnittlichen Küstenrückgang von 20 cm pro Jahr.

## Neu Reddevitz

Von Neu Reddevitz bis zum Gobbiner Haken

**Anfahrt:** durch das Dorf bis zum Strand. Hier gibt es rechts am Wegesrand eine Parknische, die nur wenigen PKWs Platz bietet.

**Beschreibung:** Das 1,2 km lange Kliff (Bild rechts) verläuft entlang der West- und Südküste des Reddevitzer Höfts. Es handelt sich um eine zunächst flache Küste mit schmalem Geröllstrand und großen Geschieben. In der Wand liegen bis zu metergroße Toneisensteinkonkretionen, deren Schrumpfungsrisse mit Baryt (Schwerspat) gefüllt sind. Manchmal findet man Teilstücke lose am Strand. Heute sind diese Knollen nur bei günstigen Aufschlussverhältnissen sichtbar. An der Küste kommen wenige Orthocerenkalke, ab und an Kelloway-Sandsteine, paläozänes Turritellengestein, Aschgraues Paläozän und Hexenschüsseln vor. Als Besonderheit treten hier häufig Teilstücke des Krebsbaus *Ophiomorpha* auf.

**Wissenswertes:** Von der gegenüberliegenden Küste im Westen bei **Muglitz/ Wobbanz** ist eine eozäne Tonscholle bekannt. Auch Krabbenknollen sollen dort vorkommen. Es ist wahrscheinlich, dass diese Scholle in Neu Reddevitz wieder zu Tage tritt, was die hohe Fundhäufigkeit von *Ophiomorpha* (Bild unten) erklärt.

Auf den ersten Metern der Küste finden sich häufig Seebälle (kleines Bild rechts), die aus von den Wellen zusammengerollten Seegrashalmen aufgebaut sind.

## Sellin

Von der Seebrücke bis zum Granitzer Ort

**Anfahrt:** Gebührenpflichtiger Parkplatz an der Kurverwaltung, August-Bebel-Straße. Von hier über die Warmbadstraße zur Seebrücke und dann Richtung Norden an den Strand.

**Beschreibung:** Die **Granitz** ist ein rund 1.000 Hektar großer, bewaldeter Höhenzug zwischen Binz und Sellin, der hauptsächlich aus gut geschichtenen, mächtigen Beckensanden aufgebaut ist. Die Granitz ist ein alter Inselkern, in dessen Zentrum sich auf 107 m über NN. das Jagdschloss Granitz erhebt. Die Steilküsten erreichen 70 m Höhe.

Beim Start der etwa 3,2 km langen geologischen Wanderung an der Selliner Seebrücke fallen zunächst die teils über 1 m hohen Strandwälle auf. In der Wasserlinie sieht man Holzpflöcke, die auf das ehemalige Familien- und Herrenbad hinweisen. Es folgt ein steinreicher Geschiebestrand. Etwa auf der Hälfte der Strecke stand früher auf dem 65 m hohen **Falkenberg** die **Waldhalle**, die bis in die 1970er Jahre ein beliebtes Ausflugsziel war. Sie ist seit vielen Jahren verfallen, abgestürzte Ziegel säumen den Strand. Große Sandrutschungen kennzeichnen den **Schanzenort**. Hier liegt unter dem Strand grauer Geschiebemergel. Der folgende Blockstrand ist aufgrund der überkopfgroßen Geschiebe manchmal schwer zu begehen. Am vorspringenden **Granitzer Ort** ist Geschiebemergel aufgeschlossen. Früher steckte hier eine mächtige Blockpackung in der Wand, die in neuerer Zeit stark erodiert ist.

Am gesamten Strandbereich finden sich viele unterkambrische Spurenfossilien wie *Skolithos, Monocraterion, Diplocraterion* und *Syringomorpha*. Auch Glaukonitsandsteine und der Norretorp-Sandstein treten regelmäßig auf, zudem Eophyton-Sandstein und viele Stinkkalke. Ostseekalk tritt in teils sehr großen Blöcken auf, besonders am Schanzenort, wo auch Limonit-Sandsteine und Sphaerosiderite in großer Zahl vorkommen. An der gesamten Küste finden sich *Ceratopyge*-Kalk, Backsteinkalk, Orthocerenkalke, *Macroura*-Kalk, Beyrichienkalke, Postsilurische Konglomerate, Kelloway-Geschiebe, Oberkreide- und Danium-Kalke sowie das Echinodermen-Konglomerat.

**Wissenswertes:** Ein ausgedehntes Netz an Wander- und Radwegen führt zwischen Sellin und Binz durch die Granitz. Am Granitzer Ort befindet sich ein Aussichtspunkt mit Sicht auf die Kreideküste.

Bild rechts: Steilküste nördlich Sellin mit Blick auf den Schanzenort.

## Zudar

Das Gelbe Ufer

**Anfahrt:** Der Zugang zum Gelben Ufer erfolgt vom Campingplatz Zicker (Wildwood Camping Rügen, 2,5 km) oder dem Parkplatz Strand Grabow (2 km).

**Beschreibung:** Die Halbinsel Zudar liegt im äußersten Südosten der Insel Rügen. Sie wird im Norden durch die lagunenartige, maximal 4 m tiefe Schoritzer Wiek und im Osten und Süden durch den Greifswalder Bodden begrenzt. Das **Gelbe Ufer** (Bild rechts) verdankt seinen Namen den leuchtend gelben Schmelzwassersanden, die die bis 17 m hohe Steilküste aufbauen. In der Steilwand sind mächtige Bänder kleiner Kiesel eingeschlossen (Bild unten). In den langgestreckten, oft zum Rand auskeilenden Kiesbändern bzw. -linsen wurden früher sehr häufig kleine Seeigel gefunden, teils in perfekter Steinkernerhaltung (Bild rechts unten: Feuerstein-Seeigel *Galerites*). Neben wenigen Lagen mit größeren Steinen haben die meisten und mächtigsten Kiesbänder die perfekte Körnung. Manchmal bedecken abgerutsche Sandmassen die Kieslagen. Die Gerölle am Strand bestehen hauptsächlich aus Feuerstein.

**Wissenswertes:** Der Strand von Zudar ist bei FKK-Urlaubern sehr beliebt. Auf dem langen Fußweg bis zum eigentlichen Gelben Ufer säumen Kiefernwälder den Strand.

## Hiddensee

Rund um den Dornbusch

**Anfahrt:** Anfahrt über Schaprode, zwei Großparkplätze am Hafen. Fährverbindung über Vitte nach Kloster.

**Beschreibung:** Der Dornbusch im Norden der Insel Hiddensee ist der Rest einer Endmoräne, die zum Ende der Weichsel-Kaltzeit bis 60 m hoch aufgestaucht wurde. In wenigen Gehminuten erreicht man vom Hafen in Kloster die Küste. Kurz vor dem Heimatmuseum gibt es einen Abgang. Der westlichste Steilufervorsprung wird Hucke genannt. Bis hierhin verläuft eine 3 m hohe Uferschutzmauer, danach kommt man direkt an den Strand. Die Strecke bis zum Enddorn am nordöstlichen Ende der Insel beträgt rund 4 km. Die ersten 650 m sind von einer teils bewachsenen Steilküste gesäumt, die im unteren Teil grauen Geschiebemergel zeigt. Danach folgt bis kurz hinter den Leuchtturm auf einer Strecke von 1250 m eine Schollen-Abgleitküste. Hier treten im Untergrund zwischeneiszeitliche Cyprinen-Tone zu Tage, die die Basis größerer Rutschungen bilden. Auch die Klausertreppe südlich des Leuchtturms ist nach Sturmhochwasser den Kliffrutschungen aufgrund des durchnässten Cyprinen-Tons zum Opfer gefallen. Die graugrünen Tone können eemzeitliche Muscheln und Schnecken führen. Sie finden sich an der Kliffbasis und streichen auch in der Wasserlinie aus. Das Geschiebemergelkliff setzt sich vom Leuchtturm entlang des Svantberges bis zum Enddorn fort. Hier ist die 20 m hohe Steilküste sehr aktiv, mit großen Abbrüchen ist besonders nach langanhaltenden Regenfällen oder weichendem Frost stets zu rechnen. Es besteht hier Lebensgefahr durch herabstürzende Gesteinsmassen, zumal bei hohem Wasserstand der Strand nur sehr schmal ist.

An dem steinreichen Geröllstrand (Bild rechts) finden sich Geschiebe aller Erdzeitalter. Häufig sind kambrische Sandsteine, ordovizische und silurische Kalke, Toneisensteine aus der unteren Jura, Feuersteine und Kalke und Kalksandsteine der Oberkreide zu finden.

**Wissenswertes:** Hiddensee ist nur per Fähre zu erreichen. Abfahrten gibt es mehrfach am Tag ab Schaprode. Eine Fähre ab Stralsund fährt Neuendorf im Süden, Vitte in der Mitte und Kloster im Norden an. Auch von Wiek, Dranske, Breege und Zingst gibt es Fährverbindungen. Auf der Insel ist privater Autoverkehr nicht erlaubt.

## Spurenfossilien

**Alter:** 521 bis 529 Millionen Jahre
**Stratigraphie:** unteres Kambrium
**Herkunft:** Schonen, Kalmarsund (SE), Bornholm (DK)
**Häufigkeit:** ●●●●●

**Beschreibung:** Viele unterkambrische Sandsteine und Quarzite zeigen eine deutliche Schichtung, die von Wohn- und Grabbauen durchbrochen wird. Die Erzeuger dieser Spurenfossilien sind unbekannt. *Monocraterion* bezeichnet senkrecht in das Sediment gegrabene Röhren. Dabei kam es zu der charakteristischen Schichtabbiegung. U-förmige Spreitenbaue nennt man *Diplocraterion*. Auf der Oberfläche des Gesteins sind dann hantelförmige Muster erkennbar. Der Skolithen-Sandstein führt senkrecht zur Schichtung stehende, 2 bis 4 mm dicke Wohnröhren wurmartiger Organismen. *Planolites* und *Palaeophycus* sind einfache, unverzweigte Fraßgänge. Viele weitere Spuren sind bekannt.

**Fossilien:** Grabbaue: *Monocraterion, Diplocraterion, Skolithos, Syringomorpha.* Kriechspuren: *Fucoides, Planolites, Palaeophycus, Psammichnites, Arcuatichnus, Plagiogmus.*

**Wissenswertes:** Die Spurenfossilien aus den unterkambrischen Sandsteinen gehören zu den ältesten Fossilien Deutschlands.

# TAFEL 10

**Abb. 1.** *Monocraterion tentaculatum*, B = 18 cm. **Abb. 2.** *Diplocraterion parallelum*, H = 6,5 cm. **Abb. 3.** *Skolithos linearis*, H = 6 cm. **Abb. 4.** *Planolites* ichnosp., H = 6,5 cm. **Abb. 5.** *Syringomorpha nilssoni*, B = 8 cm.

## Glaukonitischer Sandstein

**Alter:** 514 bis 521 Millionen Jahre
**Stratigraphie:** unteres Kambrium
**Herkunft:** Südschweden, Bornholm (DK) (?)
**Häufigkeit:** ●●●○○

**Beschreibung: Glaukonitischer Sandstein** ist ein deutlich geschichteter Sandstein aus dem Unterkambrium, der durch seinen hohen Glaukonitgehalt grün gefärbt ist. Das Gestein lässt sich gut spalten, Fossilien sind aber selten. Trotzdem werden nach ihrem Vorkommen *Volborthella*-, *Mobergella*-, *Acrothele*- oder Hyolithen-Sandstein und andere Varietäten unterschieden. Einige dieser Fossilien sind bis heute in ihrer systematischen Stellung umstritten.

**Fossilien:** Problematica (*Volborthella, Mobergella*), Brachiopoden (*Acrothele*), Hyolithen (*Orthotheca*), Spurenfossilien.

**Wissenswertes:** In einigen Glaukonitischen Sandsteinen kommen Spurenfossilien wie *Plagiogmus* und undefinierbare Kriechspuren vor.

# TAFEL 11

**Abb. 1.** *Volborthella tenuis*, L = 0,5 cm. **Abb. 2.** *Mobergella* sp., D = 0,2 cm. **Abb. 3.** *Acrothele* sp., D = 1 cm. **Abb. 4.** *Orthotheca* sp., L = 2,5 cm.

## *Paradoxissimus-* bzw. Eophyton-Sandstein

**Alter:** 505 bis 509 Millionen Jahre
**Stratigraphie:** mittleres Kambrium
**Herkunft:** Öland (SE)
**Häufigkeit:** ●●○○○

**Beschreibung:** Der helle, weiße bis blaugraue, quarzitische ***Paradoxissimus*-Sandstein** ist plattig und meist gut spaltbar. Auf den Schichtflächen befindet sich im Idealfall eine Schilllage von Trilobiten-Panzerteilen: vorwiegend zerbrochene Rumpfsegmente, aber auch Freiwangen, Kopf- und Schwanzschilde. Das Gestein verwittert bräunlich. Namengebend ist der Trilobit *Paradoxides paradoxissimus*.

**Fossilien:** Trilobiten (*Paradoxides, Parasolenopleura, Ellipsocephalus, Triplagnostus*), Hyolithen, Brachiopoden.

**Wissenswertes:** Manchmal sieht man erhabene Strukturen auf der Gesteinsoberfläche, die früher für die Abdrücke versteinerter Pflanzen (Tang) gehalten wurden, daher rührt der Name **„Eophyton-Sandstein"** (Eophyton = „frühe Pflanze").
In Wirklichkeit handelt es sich dabei jedoch um Schleif- und Driftmarken von Objekten, die von der Strömung über den Meeresgrund getrieben wurden. Auf der welligen Oberseite des Gesteins findet man selten die kleinen Abdrücke von zwei- bis dreizehigen Trilobitenfüßchen.

# TAFEL 12

**Abb. 1.** *Paradoxides paradoxissimus,* Rumpfsegment, B = 3 cm.
**Abb. 2.** *Paradoxides paradoxissimus,* Kopfschild, B = 3 cm.
**Abb. 3.** *Paradoxides paradoxissimus,* Schwanzschild, B = 2,5 cm.
**Abb. 4.** Eophyton-Sandstein mit Abdrücken der Füße unbestimmter Gliedertiere, L = 5 cm.
**Abb. 5.** Eophyton-Sandstein, B = 9,5 cm.

## Mittelkambrische Geschiebe

**Alter:** 497 bis 501 Millionen Jahre
**Stratigraphie:** mittleres Kambrium
**Herkunft:** Schonen, Väsgtergötland (SE), Bornholm (DK)
**Häufigkeit:** ●○○○○

**Beschreibung:** Nahezu alle mittelkambrischen Geschiebe sind sehr selten. Der grüngraue, mergelige bis feinkristalline ***Oelandicus*-Kalk** (5, 8) führt säbelartige Rippen von *Baltoparadoxides* und die kleinen Cranidien von *Ellipsocephalus*. Der dunkle ***Exsulans*-Kalk** (6–7) ist sehr fossilreich, zeigt häufig rostfarbene Flecken auf der Oberfläche, die aus verwittertem Pyrit entstanden sind. Mittelkambrische Stinkkalke (2) führen in der Regel nur winzige Agnostiden. Der **Andrarum-Kalk** (3–4) ist ein blaugrauer bis dunkelgrauer, splittriger Kalk, der zahlreiche Trilobiten und winzige, mützenförmige Brachiopoden beinhalten kann. Das ***Exporrecta*-Konglomerat** (1) enthält nebeneinander Brachiopoden (*Oligomys*) und Agnostiden (*Agnostus pisiformis*).

**Fossilien:** Trilobiten, Agnostiden, Brachiopoden.

**Wissenswertes:** Die oberkambrischen Stinkkalke werden nach ihrer Trilobitenführung traditionell in die Stufen 1 bis 6 eingeteilt. Heute gehört die Stufe 1 mit *Agnostus pisiformis* zum obersten Mittelkambrium.

# TAFEL 13

**Abb. 1.** *Exporrecta*-Konglomerat mit *Oligomys exporrecta* und *Agnostus pisiformis*, B = 1 cm.
**Abb. 2.** *Goniagnostus nathorsti*, D = 0,3 cm. **Abb. 3.** *Anomocarioides limbatus*, B = 2,5 cm.
**Abb. 4.** *Proampyx difformis*, B = 1,5 cm. **Abb. 5.** *Ellipsocephalus polytomus*, B = 1 cm.
**Abb. 6.** *Bailiella impressa*, B = 1,5 cm. **Abb. 7.** *Hartella exsulans*, B = 1,5 cm.
**Abb. 8.** *Baltoparadoxides oelandicus*, BB = 18 cm.

## Stinkkalk

**Alter:** 485 bis 497 Millionen Jahre
**Stratigraphie:** mittleres bis oberes Kambrium.
**Herkunft:** Schonen, Västergötland, Östergötland, Närke, Öland (SE), Bornholm (DK)
**Häufigkeit:** ●●●○○

**Beschreibung:** Es gibt Steine, die man riechen kann – der graubraune bis schwarze **Stinkkalk** gehört dazu. Er hat eine matte Oberfläche, ist manchmal deutlich geschichtet und häufig von hellen Calcit-Adern durchsetzt. Beim Aufschlagen verbreitet sich ein Hauch von Bitumen. Man kann sich Stinkkalk als versteinerten Faulschlamm vorstellen. Die Schichtflächen sind oft von Fossilien (Trilobiten-Schill = Häutungsreste von „Dreilappern“) übersät. Es erfordert ein wenig Übung, Stinkkalk am Strand zu erkennen. Je nach Trilobiten-Art unterscheidet man 6 verschiedene stratigraphische Einheiten (s.u.).

**Fossilien:** Trilobiten (*Agnostus* (1, S. 77), *Olenus* (2), *Parabolina* (3), *Leptoplastus* (4), *Peltura, Sphaerophthalmus, Ctenopyge* (5), *Acerocare* (6)), Brachiopoden (*Orusia* (3)), Muschelkrebse (2).

**Wissenswertes:** Anthrakonit ist durch Bitumen verunreinigter, kristalliner Kalkspat. Er ist an die Stinkkalkknollen in den Alaunschieferlagen Schwedens gebunden und wächst hier meist an der Unterseite der Konkretionen.

# TAFEL 14

**Abb. 1.** *Agnostus pisiformis*, B = 0,3 cm. **Abb. 2.** *Olenus* sp., B = 1 cm.
**Abb. 3.** *Orusia lenticularis*, B = 1 cm. **Abb. 4.** *Parabolina spinulosa*, B = 1 cm.
**Abb. 5.** *Leptoplastus* sp., B = 0,7 cm. **Abb. 6.** *Sphaerophthalmus* sp., B = 0,5 cm.
**Abb. 7.** *Peltura scarabaeoides*, B = 1,5 cm. **Abb. 8.** *Acerocare ecorne*, B = 1 cm.
**Abb. 9.** Schichtfläche mit *Peltura* und *Spaherophthalmus*, B = 14 cm.

## *Ceratopyge*-Kalk

**Alter:** 477 bis 485 Millionen Jahre
**Stratigraphie:** unteres Ordovizium: Tremadocium
**Herkunft:** Schonen, Öland, Västergötland, Närke, Oslo-Region (SE)
**Häufigkeit:** ●●○○○

**Beschreibung:** Kaum ein Geschiebe ist so schwer zu beschreiben wie der ***Ceratopyge*-Kalk** des untersten Ordoviziums. Er ist blaugrau, manchmal mit gelblicher Verwitterungsrinde, grün, rot oder violett gefärbt, dicht und splittrig bis zuckerkörnig. Manchmal führt er Mengen großer Glaukonit-Körner, manchmal nur vereinzelte kleine Körnchen, manchmal gar keinen Glaukonit. Man kann 10 verschiedene Typen unterscheiden. Trotzdem kann man ihn mit einiger Erfahrung sicher ansprechen: Die enthaltene Fauna, meist Trilobiten und einige orthide Brachiopoden, erlaubt eine exakte Bestimmung.

**Fossilien:** Trilobiten (*Ceratopyge, Symphysurus, Euloma, Borogothus*), Brachiopoden (*Plectorthis*).

**Wissenswertes:** Das Gestein ist an seinem Entstehungsort wenige Dezimeter bis maximal 1,5 m mächtig.

# TAFEL 15

**Abb. 1.** *Euloma ornatum*, B = 1,5 cm. **Abb. 2.** *Symphysurus angustatus*, Cranidium, L = 1 cm. **Abb. 3.** desgl., 2 Cranidien, L = 1 cm. **Abb. 4.** desgl., Pygidium, B = 1,5 cm. **Abb. 5.** *Plectorthis* sp., B = 1 cm. **Abb. 6.** *Plectorthis* sp., B = 1 cm. **Abb. 7.** *Borogothus* sp., L = 3 cm.

## Unterer Roter Orthoceren-Kalk

**Alter:** 467 bis 470 Millionen Jahre
**Stratigraphie:** mittleres Ordovizium: Dapingium
**Herkunft:** Öland, Östergötland, Västergötland, Närke (SE)
**Häufigkeit:** ●●●●●

**Beschreibung:** Der typische Untere Rote Orthoceren-Kalk oder ***Limbata*-Kalk** (1–4) gehört zu den häufigsten Sedimentärgeschieben an unseren Küsten. Seine Farbe variiert zwischen ziegel- und dunkelrot. Er ist feinkörnig bis dicht. Auf der verwitterten Außenseite des Gesteins sieht man viele kleine Querschnitte von Fossilien. Stücke, die sich gut aufspalten lassen, führen auf den Schichtflächen manchmal zahlreiche Panzerteile von Trilobiten, die jedoch nur selten die 1-cm-Marke überschreiten. Häufig in einigen Varianten ist *Megistaspis limbata*, der diesem Kalk den Namen *Limbata*-Kalk gab.

**Fossilien:** Trilobiten (*Paramegistaspis planilimbata; Megistaspis limbata, Nileus* spp., *Niobella bohlini, Raymondaspis, Globampyx*).

**Wissenswertes:** Der seltene, etwas ältere, gelb-grün-rote ***Planilimbata*-Kalk** (5–6) führt stets kleine Glaukonitkörnchen in der Matrix.

# TAFEL 16

**Abb. 1.** *Megistaspis limbata*, Pygidium, B = 4 cm. **Abb. 2.** *Megistaspis limbata*, Pygidium, B = 4 cm. **Abb. 3.** *Nileus* sp., Pygidium, B = 1 cm. **Abb. 4.** *Niobella bohlini*, Pygidium, B = 2 cm. **Abb. 5.** *Planilimbata*-Kalk, B = 6 cm. **Abb. 6.** *Megistaspis planilimbata*, Pygidium, B = 4 cm.

## Unterer Grauer Orthoceren-Kalk

**Alter:** 466 bis 467 Millionen Jahre
**Stratigraphie:** mittleres Ordovizium: Darriwillium
**Herkunft:** Öland, Östergötland, Västergötland, Närke (SE)
**Häufigkeit:** ●●○○○

**Beschreibung:** Der **Untere Graue Orthoceren-Kalk** ist ein sehr dichter, harter und splittriger grauer Kalk, der recht fossilarm ist. Gelegentlich können einige Trilobiten der Gattung *Megistaspis* gefunden werden, vereinzelt kommen auch Brachiopoden vor. Das Gestein führt einige wenige kleine grüne Glaukonit-Körnchen. Eine sichere Bestimmung ist meist nur über die enthaltenen Fossilien möglich, besonders typisch ist *Megistaspis limbata*, der auch in den Unteren Roten Orthoceren-Kalken vorkommt.

**Fossilien:** Trilobiten (*Megistaspis limbata, M. hyorrhina, Cyrtometopus)*, Brachiopoden.

**Wissenswertes:** Der Untere Graue Orthoceren-Kalk ist nicht häufig, kann aber große, meist schlecht erhaltene Trilobiten-Schwanzschilde führen.

# TAFEL 17

1

2

3

4

**Abb. 1.** *Megistaspis limbata*, Cranidium, L = 2 cm.
**Abb. 2.** *Megistaspis limbata*, Pygidium, L = 3,5 cm.
**Abb. 3.** *Megistaspis limbata*, Cranidium, L = 5 cm.
**Abb. 4.** *Megistaspis limbata*, Pygidium, L = 5 cm.

## Mittlerer Grauer Orthoceren-Kalk

**Alter:** 465 bis 466 Millionen Jahre
**Stratigraphie:** mittleres Ordovizium: Darriwillium
**Herkunft:** Öland, Östergötland, Västergötland, Närke (SE)
**Häufigkeit:** ●●●○○

**Beschreibung:** Die grauen und roten Varianten des Mittleren Orthoceren-Kalks wurden früher als **Vaginaten-Kalk** bezeichnet, benannt nach dem langgestreckten Gehäuse des Kopffüßers *Anthoceras vaginatum*. Die grauen Kalke werden in eine glaukonitreiche Variante (***Expansus*-Kalk**, namensgebend ist der Trilobit *Asaphus expansus*) und eine etwas jüngere Varietät ohne Glaukonit (***Raniceps*-Kalk** (Bild oben); nach *Asaphus raniceps*) unterschieden. Beide Typen enthalten Trilobiten der Gattungen *Asaphus* und *Megistaspis* gleichzeitig. Das unterscheidet sie von den Unteren (nur *Megistaspis*) bzw. den Oberen Orthoceren-Kalken (nur *Asaphus*). Der häufig leicht kristalline, zuckerige **Mittlere Rote Orthoceren-Kalk** führt als charakteristische Faunenelemente *Niobe* und *Celmus*.

**Fossilien:** Trilobiten (*Asaphus, Ptychopyge, Megistaspidella, Pliomera, Ampyx, Pterygometopus; Niobe, Metopolichas, Celmus*), Orthoceren (*Anthoceras*).

**Wissenswertes:** Die Mittleren Roten und Grauen Orthocerenkalke sind in der Regel sehr fossilreich, aber leider nicht allzu häufig.

# TAFEL 18

**Abb. 1.** *Megistaspidella* sp., L = 9 cm. **Abb. 2.** *Celmus granulatus*, L = 0,3 cm.
**Abb. 3.** *Asaphus* sp., BB = 2,5 cm. **Abb. 4.** *Asaphus raniceps*, B = 6 cm.
**Abb. 5.** *Asaphus* cf. *expansus*, B = 4,5 cm. **Abb. 6.** *Ptychopyge* sp., B = 3,5 cm.
**Abb. 7.** *Asaphus expansus*, Pygidium, B = 3,5 cm.

## Schwarzer Orthoceren-Kalk

**Alter:** 465 bis 467 Millionen Jahre
**Stratigraphie:** mittleres Ordovizium: Darriwillium
**Herkunft:** Bornholm (DK), Schonen (SE)
**Häufigkeit:** ●●●○○

**Beschreibung:** Der **Schwarze Orthoceren-Kalk** kommt auf Bornholm und in Schonen vor, er wird dort als **Komstad-Kalk** bezeichnet. Das Gestein ist feinkörnig, dunkelgrau bis schwarz und im Geschiebe recht fossilarm. Gelegentlich sind rostfarbene Flecken auf der Oberfläche des Gesteins erkennbar, die bei Grauen Orthoceren-Kalken nicht auftreten. Auf der verwitterten Außenseite kann man Querschnitte kleiner Panzerteile von Trilobiten als weiße Linien erkennen. Gehäuse langgestreckter Kopffüßer („Orthoceren") kommen gelegentlich vor. Aufgrund der Nähe zu Bornholm ist der Schwarze Orthocerenkalk auf Rügen regelmäßig zu finden.

**Fossilien:** Trilobiten (*Asaphus, Megistaspis, Symphysurus, Ampyx, Pterygometopus*), Orthoceren.

**Wissenswertes:** Es gibt mit den mittelkambrischen *Exsulans*- und Andrarum-Kalken (S. 76) ähnlich dunkle Gesteine, die aber deutlich älter und viel seltener sind, und eine andere Fauna enthalten.

# TAFEL 19

**Abb. 1.** *Pterygometopus* sp., Pygidium, B = 1 cm. **Abb. 2.** „*Orthoceras*“, B = 3 cm. **Abb. 3.** *Megistaspis* sp., Pygidium, B = 4 cm. **Abb. 4.** *Asaphus striatus*, Pygidium, B = 4,5 cm. **Abb. 5.** *Asaphus* sp., Pygidium, B = 5 cm. **Abb. 6.** *Nileus* sp., Cranidium, B = 1 cm.

## Oberer Roter Orthoceren-Kalk

**Alter:** 464 Millionen Jahre
**Stratigraphie:** mittleres Ordovizium: Darriwillium
**Herkunft:** Öland, Süd- bis Mittelschweden, Dalarna (SE)
**Häufigkeit:** ●●●○○

**Beschreibung:** Der **Obere Rote Orthoceren-Kalk** ist an den Stränden der Ostseeküste nicht selten. Die Grundfarbe des Gesteins ist rot, darin eingeschaltet sind grünliche Partien. Orthoceren sind häufig, sie erreichen Längen von über einen halben Meter. Auch handgroße Panzerteile von Trilobiten (*Subasaphus platyurus*) kommen vor. In Västergötland ist der Obere Rote Orthoceren-Kalk nicht entwickelt.

**Fossilien:** Trilobiten (*Subasaphus platyurus, Illaenus*); Orthoceren (*Proterovaginoceras, Rhynchorthoceras*), Cystoideen.

**Wissenswertes:** Ein besonderes Kennzeichen ist ein roter Hämatitüberzug auf den langgestreckten Gehäusen der Orthoceren, der abfärbt, wenn man mit dem Finger darüberstreicht.

# TAFEL 20

1

2

3

**Abb. 1.** „*Endoceras*“, L = 10 cm. **Abb. 2.** *Rhynchorthoceras* sp., L = 10 cm.
**Abb. 3.** *Neoasaphus platyurus*, Pygidium, B = 11 cm.

## Oberer Grauer Orthoceren-Kalk

**Alter:** 461 bis 464 Millionen Jahre
**Stratigraphie:** mittleres Ordovizium: Darriwillium
**Herkunft:** Västergötland, Östergötland, Öland (SE)
**Häufigkeit:** ●●●●○

**Beschreibung:** Der **Obere Graue Orthoceren-Kalk** ist unter Sammlern eines der begehrtesten Gesteine des Ordoviziums, was vor allem an seinem Fossilreichtum liegt. Das Gestein ist grüngrau, verwittert leicht gelblich und ist deutlich geschichtet. Aus unverwitterten Geschieben können Fossilien in bester Schalenerhaltung herauspräpariert werden. Häufig sind gestreckte und eingerollte Kopffüßer, Schnecken und Trilobiten, darunter der bestachelte *Hoplolichas*. Die zu den Weichtieren gehörenden Hyolithen sind längst ausgestorben.

**Fossilien:** Trilobiten, Orthoceren, Brachiopoden, Schnecken, Hyolithen.

**Wissenswertes:** Eine Variante des Oberen Grauen Orthoceren-Kalks ist der blaugraue, splittrig brechende und ebenfalls sehr fossilreiche ***Schroeteri*-Kalk**, benannt nach dem Trilobiten *Illaenus schroeteri*, dessen dicke, meist dunkelbraun gefärbte Panzerteile häufig in dem Gestein vorkommen. Auch andere Trilobiten-Arten, Schnecken und Kopffüßer, unter ihnen der bischofsstabähnliche *Lituites*, stellen die typische Fauna.

# TAFEL 21

**Abb. 1.** *Hyolithes acutus*, L = 9 cm. **Abb. 2.** *Illaenus schroeteri*, Pygidium, B = 5 cm. **Abb. 3.** *Raphistoma obvallatum*, B = 4 cm. **Abb. 4.** *Lesueurilla* sp., B = 3,5 cm. **Abb. 5.** „*Endoceras*“, L = 25 cm. **Abb. 6.** *Lituites* sp., B = 12 cm

## Backstein-Kalk

**Alter:** 455 bis 457 Millionen Jahre
**Stratigraphie:** oberes Ordovizium: Sandbium
**Herkunft:** mittlere Ostsee
**Häufigkeit:** ●●●●●

**Beschreibung: Backstein-Kalk** ist verkieselt, sehr hart und zäh. Die Kieselsäure stammt dabei aus überlagernden Bentoniten (kieselsäurereiche vulkanische Ablagerungen). Er bricht beim Aufschlagen fast feuersteinartig. Fossilien sind dann kaum herauszupräparieren, nur einige Wühlspuren von Würmern sind an den calcitgefüllten Gängen zu erkennen. Typisch ist auch die kantige Form. Wenn der Backstein-Kalk verwittert, nimmt er eine beigebraune Farbe an, wird fast porös und erinnert tatsächlich an einen alten Backstein. Dann kann man in seinem Inneren verschiedene Fossilien finden.

**Fossilien:** Trilobiten (*Chasmops, Hemisphaerocoryphe, Neoasaphus, Conolichas*), Brachiopoden (*Sowerbyella*, *Platystrophia*), Schnecken (*Lesueurilla*), Cystoideen (*Echinosphaerites, Stichocystis*), Kopffüßer („*Endoceras*“), Bryozoen, Algen.

**Wissenswertes:** Manche Kalke, und nur Kalke, werden von dem Bohrringelwurm bewohnt, der charakteristische kleine Gänge auf der Oberfläche des Gesteins hinterlässt. Anhand dieser Bohrlöcher kann man also Kalke erkennen, auch so harte wie den Backstein-Kalk.

# TAFEL 22

1

2

3

4

5

6

**Abb. 1.** *Echinosphaerites* sp., D = 3 cm. **Abb. 2.** *Sowerbyella* sp., B = 2,5 cm. **Abb. 3.** *Stichocystis* sp., B = 4 cm. **Abb. 4.** *Ecculiomphalus* sp., D = 6 cm. **Abb. 5.** „*Endoceras*“, L = 7 cm. **Abb. 6.** *Platystrophia lynx*, B = 2,5 cm.

## Echinosphaeriten-Kalk, Cystoideen-Kalk

**Alter:** 455 bis 458 Millionen Jahre
**Stratigraphie:** oberes Ordovizium: Sandbium
**Herkunft:** Öland, Süd- bis Mittelschweden
**Häufigkeit:** ●●●○○

**Beschreibung:** Echinosphaeriten gehören zu den Cystoideen, einer ausgestorbenen Gruppe der Stachelhäuter, und damit in die Verwandtschaft der Seeigel. Das Gehäuse dieser Tiere ist kugelig bis sackförmig („Beutelstrahler") und aus zahlreichen einzelnen Kalkplättchen aufgebaut. Manchmal wächst von jeder dieser Platten ein Calcitkristall in das Innere des leeren Gehäuses, man spricht dann von „Kristalläpfeln". Diese kreisrunden Kristalldrusen mit 3 bis 5 cm Durchmesser sieht man häufig schon auf der Außenseite des Gesteins. In seltenen Fällen sind die Gehäuse der Echinosphaeriten mit einer erdölartigen Substanz gefüllt.

**Fossilien:** Cystoideen (*Echinosphaerites*), Trilobiten (*Neoasaphus, Illaenus, Chasmops*).

**Wissenswertes:** Es gibt mehrere Cystoideen-führende Kalke aus verschiedenen stratigraphischen Horizonten, die nur schwer voneinander zu unterscheiden sind.

# TAFEL 23

1

2

3

4

**Abb. 1.** Kristalläpfel im Anschschliff, BB = 7 cm. **Abb. 2.** Kristalläpfel im Anschliff, BB = 11 cm. **Abb. 3.** *Echinosphaerites aurantium*, D = 4 cm. **Abb. 4.** *Echinosphaerites aurantium*, D = 4 cm.

## *Ludibundus*-Kalk

**Alter:** 455 bis 458 Millionen Jahre
**Stratigraphie:** oberes Ordovizium: Sandbium
**Herkunft:** Öland (SE) und angrenzender Ostseeraum
**Häufigkeit:** ●●●○○

**Beschreibung:** Die meisten grauen Kalke kann man von außen nicht leicht voneinander unterscheiden, aber es gibt einige Bestimmungsmerkmale, auf die man achten kann. Der hellgraue ***Ludibundus*-Kalk** besteht aus zuckerkörnigen Kalkspatkristallen, was ihm den Beinamen „**Zuckerkörniger Kalk**" eingebracht hat. Diese winzigen Kristalle glitzern auch auf der Oberfläche des Gesteins in der Sonne. Das Gestein ist selten geschichtet, meist massig, lässt sich aber leicht aufschlagen. In keinem anderen Geschiebe kommen vollständige Trilobiten so häufig vor, wie im *Ludibundus*-Kalk. Eigentlich müsste das Gestein nach dem reichen Vorkommen von *Ogmasaphus praetextus* eher als *Praetextus*-Kalk bezeichnet werden, denn der namensgebende *Neoasaphus ludibundus* ist in diesem Kalk eher selten.

**Fossilien:** Trilobiten (*Ogmasaphus, Neoasaphus, Nileus, Illaenus, Platylichas, Chasmops, Cnemidopyge, Pharostoma*), Conularien, Cystoideen.

**Wissenswertes:** Gleichaltrige Gesteine aus Süd- bis Mittelschweden sind meistens feinkörniger und werden dort als Dalby-Kalk bezeichnet.

# TAFEL 24

**Abb. 1.** *Ogmasaphus* sp., Pygidium, B = x cm. **Abb. 2.** *Illaenus* sp., vollständiges Exemplar, L = 3 cm. **Abb. 3.** *Ogmasaphus* sp., vollständiges Exemplar, L = 7,5 cm. **Abb. 4.** *Ogmasaphus* sp., vollständiges Exemplar, L = 5 cm. **Abb. 5.** *Nileus* sp., vollständiges Exemplar, L = 5 cm.

## Kullsberg-Kalk

**Alter:** 450 bis 455 Millionen Jahre
**Stratigraphie:** oberes Ordovizium, oberes Sandbium bis unteres Katium
**Herkunft:** Dalarna (SE)
**Häufigkeit:** ●●●○○

**Beschreibung:** Der rote bis braunrote **Kullsberg-Kalk** besteht einerseits aus massigem, feinkörnigem Kalkstein. Charakteristisches Kennzeichen sind sogenannte Stromataktis-Strukturen. Dabei handelt es sich um Hohlraumfüllungen aus weißem Kalkspat mit glatter Basis und „ausgefranster" Oberseite. Andererseits lagerten sich an den Flanken eines zentralen Kerns gut geschichtete, oftmals crinoidenreiche Kalke ab. Die Schichtflächen sind dabei nicht ganz eben.

**Fossilien:** Korallen, Seelilien, Cystoideen, Brachiopoden, Bryozoen, Trilobiten (*Amphilichas*).

**Wissenswertes:** Der Kullsberg-Kalk ähnelt in der Flankenfazies sehr stark dem Unteren Roten Orthoceren-Kalk (S. 82). Er unterscheidet sich durch die stets vorhandenen, meist weißen oder orange-rosa-farbenen Echinodermen-Reste.

# TAFEL 25

**Abb. 1.** Einzelkoralle *Streptelasma* sp., B = 1,5 cm. **Abb. 2.** Kettenkoralle *Catenipora* sp., B = 7 cm. **Abb. 3.** Seelilienstielglieder, B = 12 cm. **Abb. 4.** *Platystrophia* sp., B = 2 cm. **Abb. 5.** *Amphilichas* sp., Pygidium, B = 4 cm. **Abb. 6.** unbestimmte Kettenkoralle, B = 8 cm.

## *Macrourus*-Kalk

**Alter:** 449 bis 453 Millionen Jahre
**Stratigraphie:** oberes Ordovizium: Katium
**Herkunft:** nördliches Öland (SE) und angrenzender Ostseeraum
**Häufigkeit:** ●●●○○

**Beschreibung:** Der grüngraue ***Macrourus*-Kalk** kommt in gerundeten Blöcken vor, ist nicht geschichtet und von Wühlspuren durchsetzt. Charakteristisch sind rostbraune Flecken auf der Oberfläche des Gesteins. Manchmal kann man schon von außen Fossilquerschnitte erkennen oder die silbrig bis seidig graublau glänzenden Schalen von Brachiopoden. Aufgeschlagene Blöcke können Schnecken, Muscheln, eingerollte Kopffüßer, Trilobiten (darunter der namensgebende *Toxochasmops macrourus*), Brachiopoden, Moostierchen und Algen enthalten.

**Fossilien:** Schnecken (*Homotoma, Subulites, Hoplospira*), Muscheln (*Cyrtodontula*), Kopffüßer (*Discoceras*), Trilobiten (*Toxochasmops, Conolichas*), Brachiopoden (*Porambonites, Sericoidea, Actinomena, Strophomena*), Moostierchen (*Diplotrypa*), Algen (*Mastopora*).

**Wissenswertes:** Verwitterte Blöcke, sogenannter **Rollstein-Kalk**, erinnern an einen verwitterten Backstein-Kalk (S. 94). *Macrourus*-Kalk lässt sich jedoch, besonders in feuchtem Zustand, in den Fingern schmierig zerreiben, während Backstein-Kalk zerbricht.

# TAFEL 26

**Abb. 1.** *Actinomena* sp., B = 4 cm. **Abb. 2.** *Hoplospira* sp., B = 2,5 cm. **Abb. 3.** *Homotoma* sp., L = 10 cm. **Abb. 4.** *Toxochasmops macrourus,* Cranidium, B = 4 cm. **Abb. 5.** *Toxochasmops macrourus,* Pygidium, B = 5 cm. **Abb. 6.** *Toxochasmops macrourus,* Pygidium, B = 4 cm. **Abb. 7.** *Cyrtodontula* sp., B = 4 cm. **Abb. 8.** *Porambonites schmidti,* B = 5 cm. **Abb. 9.** *Discoceras* sp., D = 4,5 cm.

## Ostsee-Kalk

**Alter:** 446 bis 453 Millionen Jahre
**Stratigraphie:** Ordovizium: Katium
**Herkunft:** Nordbaltikum
**Häufigkeit:** ●●●●○

**Beschreibung:** Der helle, rot gefleckte oder rosa geflammte, teilweise leicht ins Violett spielende **Ostsee-Kalk** ist hart und splittrig. Er erinnert an den lithografensteinartigen Solnhofener Plattenkalk. Kennzeichnend sind vor allem die rosaroten Partien, die in keinem anderen Kalk vorkommen. Alle Varianten sind hart und scherbig brechend, können aber weiche Partien enthalten. Die roten Flecken im Ostsee-Kalk nennt der Volksmund auch „Abels Blut“. Fossilien sind selten und oft nur am Querschnitt zu erkennen. Sie müssen dann mühsam herauspräpariert werden. Das Gestein steht im Nordbaltikum an, Geschiebe können noch nördlich von Uppsala gefunden werden.

**Fossilien:** Trilobiten (*Valdariops, Erratencrinurus, Isotelus, Lonchodomas*), Brachiopoden, Conularien, Kopffüßer (*Discoceras*), Korallen (*Streptelasma*), Schnecken (*Subulites*).

**Wissenswertes:** Es gibt auch gelbe und graue Ostsee-Kalke, die allesamt aus dem Nordbaltikum bis Estland stammen. Sie sind auf Rügen jedoch unbekannt.

# TAFEL 27

**Abb. 1.** *Conularia* sp., L = 5 cm. **Abb. 2.** *Discoceras* sp., D = 10 cm.
**Abb. 3.** *Valdariops* sp., Cephalon, B = 3 cm.
**Abb. 4.** *Erratencrinurus nebeni*, Cranidium, Freiwangen und Pygidium, BB = 3,5 cm.
**Abb. 5–6.** *Streptelasma* sp., L = 2 cm.

## Palaeoporellen-Kalk

**Alter:** 445 bis 452 Millionen Jahre
**Stratigraphie:** Ordovizium: Katium
**Herkunft:** Ostseegrund nördlich von Öland (SE) (?), Nordbaltikum
**Häufigkeit:** ●●●○○

**Beschreibung:** Der **Palaeoporellen-Kalk** aus dem oberen Ordovizium gehört zu den Algenkalken, d. h. zu den Gesteinen, die fast vollständig von Kalkalgen aufgebaut sind. Er ist rosa- bis grünweiß, zäh und in der Regel von Stylolithen durchsetzt. Dies sind Verzahnungen an den Schichtgrenzen, die durch Auflösungsvorgänge entstehen. Das Gestein führt selten andere Fossilien als die an den kreisrunden Querschnitten erkennbaren Kalkalgen (*Palaeoporella, Vermiporella* und andere). Brachiopoden und eingerollte Kopffüßer sind bekannt. Palaeoporellen-Kalk kann in tonnenschweren Blöcken von mehr als 1,50 m Länge vorkommen.

**Fossilien:** Algen, sehr selten eingerollte Cephalopoden (*Discoceras*).

**Wissenswertes:** Es gibt eine Variante des Palaeoporellen-Kalkes, die sich durch ihre dunkelrote Farbe deutlich von der oben beschriebenen Abart unterscheidet.

# TAFEL 28

1

2

3

**Abb. 1.** Palaeoporellen-Kalk, ausgewittert, B = 13 cm.
**Abb. 2.** Palaeoporellen-Kalk, angeschliffen, B = 12 cm.
**Abb. 3.** Palaeoporellen-Kalk, Strandgeröll, B = 15 cm.

## Korallen-Kalke

**Alter:** 418 bis 444 Millionen Jahre
**Stratigraphie:** Silur
**Herkunft:** Gotland (SE) und angrenzender Ostseeraum, Estland
**Häufigkeit:** ●●●●○

**Beschreibung:** Zur Zeit des Silurs lag der damalige Kontinent „Baltica“ südlich des Äquators. In den warmen Meeren lebten zahlreiche Korallenarten. Ihre Skelette versteinerten. Infolge der Kontinentaldrift wanderte „Baltica“ langsam nordwärts. Aus diesem Grund findet man heute riesige fossile Korallenriffe auf der Ostseeinsel Gotland. Jeder Urlauber kann am Strand der schwedischen Sonneninsel noch heute **Korallen-Kalke** in Form von Einzelkorallen oder Teilen koloniebildender Formen aufsammeln. So häufig wie auf Gotland sind Korallen an den Stränden Rügens nicht, aber sie sind immer wieder zu finden. Einzelkorallen sind seltener, aber Bödenkorallen wie *Favosites* oder die Kettenkoralle *Catenipora* wird der aufmerksame Strandwanderer immer wieder entdecken. Diese silurischen Korallen zeugen von einer tropischen Riffwelt vor über 400 Millionen Jahren. Häufig kommen auch **Riffschutt-Kalke** vor, die aus den Trümmern zerbrochener Korallen aufgebaut sind.

**Fossilien:** Einzelkorallen (Rugosa), Bödenkorallen (Tabulata).

**Wissenswertes:** Silurische Korallen sind in der Regel grau, die Einzelkorallen aus der Schreibkreide (S. 33) weiß.

# TAFEL 29

**Abb. 1.** *Favosites* sp., B = 8 cm. **Abb. 2.** Riffschutt-Kalk, B = 10 cm.
**Abb. 3.** *Catenipora* sp., B = 3 cm. **Abb. 4.** Einzelkorallen, L = 2–4 cm.
**Abb. 5.** Einzelkoralle, B = 5,5 cm.

## Silurische Kalke & Sandsteine

**Alter:** 418 bis 444 Millionen Jahre
**Stratigraphie:** Silur: Llandovery bis Pridoli
**Herkunft:** Schonen, Gotland (SE), Estland
**Häufigkeit:** ●●●○○

**Beschreibung:** Gelegentlich finden sich an Rügens Stränden auch andere silurische Kalke. Das beigebraune, feinkörnige **Leperditien-Gestein** (4–5) führt die 0,5 bis 1 cm großen, bohnenförmige Muschelkrebse der Gattung *Leperditia* und proetide Trilobiten. Unbenannte, graue bis grünlichbraune Kalke können eine bemerkenswerte Kleinfauna an Trilobiten enthalten, häufig ist *Cyphoproetus* (3), der nur in Ausnahmefällen in kompletten Exemplaren zu finden ist. Kopf- und Schwanzschilde erreichen manchmal nur 1 bis 2 mm, ausgewachsene Exemplare werden 1 cm groß. Sehr selten und als Geschiebe nur in wenigen Stücken bislang nachgewiesen ist der aus Süd-Gotland stammende **Burgsvik-Sandstein** bzw. -Oolith, der große Muscheln (1), Brachiopoden, Seelilienstielglieder und Trilobiten (2) führen kann.

**Fossilien:** Muschelkrebse, Trilobiten, Muscheln, Brachiopoden, Seelilien.

**Wissenswertes:** Silurische Gesteine sind vielerorts vor allem in Schonen, Gotland und Estland beheimatet. Ihre Vielfalt ist beeindruckend, aber nur selten lassen sie sich exakt bestimmen oder einem bestimmten Herkunftsgebiet zuordnen.

# TAFEL 30

**Abb. 1.** *Pteronitella retroflexa*, B = 5,5 cm. **Abb. 2.** *Homalonotus* sp., Pygidium, B = 2,5 cm. **Abb. 3.** *Cyphoproetus* sp., L = 1,5 cm. **Abb. 4.** *Leperditia* sp., B = 1 cm. **Abb. 5.** *Leperditia* sp., B = 1 cm.

## Crinoiden-Kalke

**Alter:** 420 bis 458,4 Millionen Jahre
**Stratigraphie:** oberes Ordovizium bis Silur
**Herkunft:** Gotland (SE), Ostseegrund, Estland
**Häufigkeit:** ●●●○○

**Beschreibung:** Crinoiden sind Seelilien, Stachelhäuter aus der Verwandtschaft der Seeigel, die in der Regel eine Wurzel, einen langen Stiel und eine Krone besitzen. Die Krone trägt lange, gefiederte Arme, mit denen das Tier Nahrungspartikel aus dem Wasser filtert. Alle Stachelhäuter haben ein Skelett, das aus zahlreichen kleinen Kalkplättchen besteht. Nach dem Tod der Tiere zerfällt dieses Skelett in hunderte von Einzelteilen. Manche Sedimente bestehen dann fast ausschließlich aus den runden Stielgliedern oder eckigen Kelchplatten von Seelilien – **Crinoiden-Kalk**. Es gibt derartige Gesteine im oberen Ordovizium und im Silur an verschiedenen Orten Baltoskandiens. Die Funde am Strand stammen jedoch meistens aus dem jüngeren Silur und sind zwischen Gotland und Estland beheimatet. Die Farbe der Kalke ist in der Regel grau oder gelblich, es gibt aber auch rötliche Varianten.

**Fossilien:** Crinoiden, Korallen, Brachiopoden.

**Wissenswertes:** Hin und wieder findet man rötliche, komplett verkieselte Kalke, die feuersteinartig splittrig brechen.

# TAFEL 31

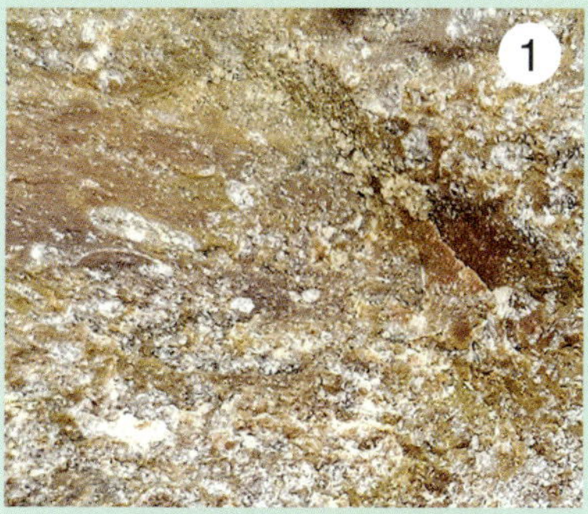

2

3

4

5

**Abb. 1.** Roter, verkieselter Crinoiden-Kalk, BB = 3,5 cm. **Abb. 2.** desgl., B = 9 cm.
**Abb. 3.** Roter Crinoiden-Kalk, L = 5 cm. **Abb. 4.** Beyrichien-Kalk mit Crinoiden, B = 9 cm.
**Abb. 5.** Grauer Crinoiden-Kalk, B = 15 cm.

## Grünlichgraues Graptolithen-Gestein

**Alter:** 428 bis 434 Millionen Jahre
**Stratigraphie:** Silur: Wenlock
**Herkunft:** Schonen (SE), Meeresgrund südöstlich von Öland
**Häufigkeit:** ●●●○○

**Beschreibung:** Eines der bei Sammlern begehrtesten Silurgeschiebe ist zweifelsohne das **Grünlichgraue Graptolithen-Gestein**. Das sehr feinkörnige Gestein tritt häufig in gerundeten Konkretionen auf. Einige Blöcke sind splittrig und brechen scherbig, andere lassen sich gut spalten. Die Gesteine zerfallen nach Frostperioden häufig kleine Teile. Das Graptolithen-Gestein repräsentiert eine Stillwasserfazies und ist sehr arten- und individuenreich. Auf der Schichtfläche aufgeschlagener Gesteine finden sich manchmal massenhaft Graptolithen („Schriftsteine“, laubsägeblattartige Kolonien kleiner polypenartiger Organismen).

**Fossilien:** Graptolithen, Trilobiten (*Calymene, Exallaspis, Kettneraspis, Odontopleura*, *Raphiophorus, Dalmanites*), Schnecken (*Loxonema, Lytospira*), Muscheln (*Cardiola*), Kopffüßer (*Orthoceras*), Brachiopoden (*Glassia*), Muschelkrebse und sehr selten sogar Panzerfische. Auskristallisierte Kopffüßer sind häufig im Querschnitt auf der Außenseite des Geschiebe sichtbar.

**Wissenswertes:** Die oft brotlaibförmigen Knollen sind als Konkretion in mächtige Schieferlagen Schonens und angrenzender Gebiete eingebettet.

# TAFEL 32

**Abb. 1.** *Monograptus* sp., B = 8 cm. **Abb. 2.** *Monograptus* sp., B = 7 cm. **Abb. 3.** *Cardiola interrupta*, L = 2 cm. **Abb. 4.** *Orthoceras regulare*, B = 6 cm. **Abb. 5.** *Orthoceras regulare*, L = 6 cm. **Abb. 6.** *Murchisonia* sp., L = 2,5 cm. **Abb. 7.** *Exallaspis marklini*, B = 0,3 cm. **Abb. 8.** *Dalmanites* sp., eingerolltes Exemplar, L = 5 cm.

## Girvanellen-Kalk

**Alter:** 427 bis 434 Millionen Jahre
**Stratigraphie:** Silur: Wenlock
**Herkunft:** Gotland, Schonen (SE)
**Häufigkeit:** ●●●○○

**Beschreibung:** Der **Girvanellen-Kalk** ist bläulichgrau, verwittert gelblich. Er führt zentimetergroße, unregelmäßig geformte Exemplare von *Girvanella*, die heute zu den kalkabscheidenden Cyanobakterien gerechnet werden. Früher hat man diese Organismen als „Blaugrüne Algen" bezeichnet. Als Bakterien haben sie im Gegensatz zu Algen aber keinen Zellkern. Die einzelnen *Girvanella*-Körper (Bild rechts unten) zeigen im Querschnitt auf der Gesteinsoberfläche deutliche Anwachsringe. Der Girvanellen-Kalk gehört als biogenes Sedimentgestein zu den Stromatolithen.

**Fossilien:** Algen (*Girvanella problematica*), seltener Brachiopoden (*Atrypa*), Bryozoen (*Ptylodictya*) und Trilobiten-Teile.

**Wissenswertes:** Da Cyanobakterien Phyotosynthese betreiben, gelten sie als Anzeiger für lichtdurchflutetes, flaches Wasser mit lagunärem Charakter.

## Stromatoporen-Kalk

**Alter:** 418 bis 444 Millionen Jahre
**Stratigraphie:** Silur
**Herkunft:** Gotland (SE) und angrenzender Ostseeraum, Estland
**Häufigkeit:** ●●●○○

**Beschreibung:** Stromatoporen sind schwammähnliche Organismen, die knollig, massig oder kissenförmig wachsen und aus zahlreichen Lagen aufgebaut sind. Diese laminare Struktur gab der Tiergruppe ihren Namen, denn „Stroma" bedeutet „Decke". Stromatoporen besitzen ein kalkiges Skelett. Sie können ausgedehnte Riffe bilden. Man erkennt im Anschliff deutlich den lagigen Aufbau: helle und dunkle Schichten wechseln sich ab (Bild rechts unten). Im Geschiebe kann man diese Organismen nicht nur eingebettet in Kalkstein finden, manchmal liegen die hellbraunen Stromatoporen-Stöcke auch lose im Strandkies. Nass wirken sie fast durchscheinend, und nur dann kann man sie wirklich gut entdecken. Häufig kann man helle Schlagmarken auf der samtig-matten Oberfläche erkennen, die durch das Aneinanderschlagen der Steine bei starker Wellenbewegung entstanden sind.

**Fossilien:** *Stromatopora.*

**Wissenswertes:** Stromatoporen sind wie Korallen wichtige Riffbildner im silurischen Meer.

# *Colonus*-Schiefer

**Alter:** 423 bis 434 Millionen Jahre
**Stratigraphie:** Silur: Wenlock bis Ludlow
**Herkunft:** Schonen (SE), Meeresgrund südöstlich von Öland
**Häufigkeit:** ●●●○○

**Beschreibung:** Im obersten Silur von Schonen sind graue, sandige und glimmerreiche Schiefer bekannt. Sie sind fein geschichtet, meist wellig verbogen und nahezu fossilfrei. Einige plattige Geschiebe enthalten jedoch lagenweise von der Strömung eingeregelte Graptolithen (Schriftsteine), laubsägeblattartige Äste einer planktonisch lebenden, heute ausgestorbenen Tiergruppe der vorherrschenden Art *Colonograptus colonus* – daher nennt man das Gestein ***Colonus*-Schiefer**. Manchmal sind die Schichtflächen von Eisenoxid (Rost) gelblich verfärbt. Mancherorts sind Geschiebe mit einer Kantenlänge von mehr als 50 cm bekannt.

**Fossilien:** Graptolithen, Muscheln, Tentaculiten, Brachiopoden.

**Wissenswertes:** Der *Colonus*-Schiefer enthält viele Glimmerschüppchen und kann in grobe, quarzreiche Lagen übergehen. Dann sind Fossilien nur schlecht erhalten.

## Tonschiefer

**Alter:** 480 bis 418 Millionen Jahre
**Stratigraphie:** Mittel- bis Oberkambrium, Ordovizium, Silur
**Herkunft:** Bornholm (DK), Süd- bis Mittelschweden
**Häufigkeit:** ●●●○○

**Beschreibung: Tonschiefer** ist schwarz und fühlt sich matt-samtig an. Er kommt aufgrund seiner geringen Härte meist nur in relativ kleinen Stücken vor. Schiefer ist sehr fein geschichtet und kann in blattdünne Schichten aufgespalten werden. Schieferlagen gibt es in vielen Regionen Skandinaviens. Das Gestein stammt aus dem Kambrium, Ordovizium oder Silur. Je nach Alter kann ein Fundstück unterschiedliche Fossilien führen. Kambrische Schiefer enthalten häufig Trilobiten, ordovizische und silurische Graptolithen oder Brachiopoden (Bild rechts unten).

**Fossilien:** Graptolithen, Brachiopoden, Trilobiten.

**Wissenswertes:** Es gibt glasharte, sehr splittrige Kieselschiefer, sogenannte **Lydite**, die meist Graptolithen bergen. Sie sind kantiger, eher von blauschwarzer Farbe und meist dicker als die oben beschriebenen Tonschiefer. Sie brechen meist muschelig.

## Beyrichien-Kalk

**Alter:** 418 bis 425 Millionen Jahre
**Stratigraphie:** oberes Silur: Ludlow bis Pridoli
**Herkunft:** wahrscheinlich der Grund der Ostsee südwestlich von Gotland (SE) bis Estland
**Häufigkeit:** ●●●●●

**Beschreibung: Beyrichien-Kalk** ist ein blaugrauer bis stahlgrauer, plattiger, sehr fossilreicher Kalkstein. Auf den Schichtflächen liegen oft massenhaft Brachiopoden, Schnecken, Muscheln oder Ostrakoden. Viele andere Fossilien kommen vor. Manche Blöcke brechen splittrig, Fossilien sind dann nur im Querbruch erkennbar. Viele verschiedene Varietäten sind beschrieben.

**Fossilien:** Ostrakoden (*Nodibeyrichia, Kloedenia*), Brachiopoden (*Protochonetes striatellus, Microsphaeridiorhynchus nucula, Pholidops*), Schnecken („*Loxonema*"), Muscheln, Cephalopoden („*Orthoceras*"), Bryozoen (*Ptilodictya*), Tentakuliten, Cornuliten, Trilobiten (*Calymene, Encrinurus, Acaste, Proetus, Homalonotus*), Fische (Acanthodier).

**Wissenswertes:** Manchmal ist der Beyrichien-Kalk konglomeratisch entwickelt, die Intragerölle können angebohrt sein. Beyrichien sind winzige Muschelkrebse, die nach dem Berliner Paläontologen Ernst Beyrich benannt wurden und nach ihrem massenhaften Vorkommen namengebend für diese Kalke sind.

# TAFEL 33

**Abb. 1.** Brachiopode *Protochonetes striatellus*, B = 1,5 cm.
**Abb. 2.** *Protochonetes* sp., B = 2 cm, BB = 5 cm.
**Abb. 3.** Sellilienstielglieder., BB  = 5,5 cm. **Abb. 4.** *Calymene* sp., Cranidium, B = 3,5 cm.
**Abb. 5.** *Calymene* sp., Pygidium, B = 2 cm, L = 2 cm. **Abb. 6.** *Loxonema* sp., B = 1 cm.
**Abb. 7.** Muschelkrebse, „Beyrichien", BB = 1 cm,
**Abb. 8.** *Microsphaeridiorhynchus nucula*, B = 0,5–1 cm.

## Roter Beyrichien-Kalk

**Alter:** 418 bis 423 Millionen Jahre
**Stratigraphie:** oberes Silur: Pridoli
**Herkunft:** unbekannt, möglicherweise Schonen (SE)
**Häufigkeit:** ●●○○○

**Beschreibung:** Neben dem überall häufigen grauen Beyrichien-Kalk gibt es noch eine seltene rote Variante, die ebenso fossilreich ist. Das Gestein ist feinkörnig und blassrot bis ziegelrot. Verwechslungsgefahr besteht mit dem Unteren Roten Orthoceren-Kalk, der fast dieselbe Farbgebung besitzt. Der **Rote Beyrichien-Kalk** ist aber fossilreicher: Er kommt meist in kleineren Stücken vor.

**Fossilien:** Muscheln, Schnecken (*Loxonema*), gestreckte Kopffüßer (*Orthoceras*), Muschelkrebse, Trilobiten (*Calymene*), Seelilienstielglieder, Brachiopoden (*Protochonetes*), Tentakuliten. Fossilien kann man häufig im Anschnitt auf der Oberfläche erkennen.

**Wissenswertes:** Roter Beyrichien-Kalk ist ein häufiger Bestandteil des Postsilurischen Konglomerats (S. 127), lose Funde stammen wahrscheinlich ausschließlich aus aufgearbeiteten Konglomeraten. Einige Autoren haben für den Roten Beyrichien-Kalk unterdevonisches Alter diskutiert.

# TAFEL 34

**Abb. 1.** „*Orthoceras*“, BB = 9,5 cm. **Abb. 2.** Muschelquerschnitte auf der Außenseite des Geschiebes, BB = 9 cm. **Abb. 3.** Muscheln, BB = 9,5 cm.
**Abb. 4.** „*Orthoceras*“, L = 4 cm. **Abb. 5.** Muscheln, BB = 15 cm.

## Devonischer Dolomit

**Alter:** 383 bis 393 Millionen Jahre
**Stratigraphie:** mittleres Devon
**Herkunft:** Lettland
**Häufigkeit:** ●●○○○

**Beschreibung:** Dolomite sind gelblichgrau bis rötlichgrau, manchmal mit blutroten Flecken. An Fossilien kann man Brachiopoden, Muscheln oder Fischschuppen finden. Dolomite mit bohnengroßen, glatten Muschelkrebsen (Leperditia) gehören wohl noch ins oberste Silur. Das Gestein schäumt beim Betropfen mit Salz- oder Essigsäure nur schwach auf, Kalk hingegen stark. Typisch sind auch kleine glitzernde Kristalle in Gesteinshohlräumen.

**Fossilien:** Brachiopoden, Hautzähne von Fischen.

**Wissenswertes:** Im Baltikum gab es zur Zeit des Devon ein flaches Meer, zeitweise wurden Lagunen und Salzseen abgetrennt. Es herrschen hier dolomitische Kalke, Dolomite, Tone und Mergel vor. Alle Devongeschiebe sind selten.
Der ähnliche Ostseekalk ist härter, dichter und er bricht splittrig.

## Kugelsandstein

**Alter:** 201,5 bis 237 Millionen Jahre
**Stratigraphie:** obere Trias
**Herkunft:** Bornholm (DK)
**Häufigkeit:** ●●●○○

**Beschreibung:** Im Süden von Bornholm sind in die bunten Trias-Tone helle Sandsteinlagen eingeschaltet. Sie sind mitunter mürbe und weich und können teilweise mit den Fingern zerrieben werden. Manche Lagen verwittern kugelig. Manchmal finden sich auf den Schichtflächen kohlige Pflanzenreste. Besonders im Geschiebe auf Rügen können aufgrund der räumlichen Nähe Sandsteine gefunden werden, die geschichtet sind und meist auf einer Seite kugelartige Verwitterungserscheinungen zeigen. Auf den Schichtflächen aufgeschlagener Gesteine kann man manchmal Pflanzenhäcksel oder Holzkohlestückchen ausmachen. Somit dürften die meisten Kugelsandsteine zum **Risebaek-Sandstein** gehören.

**Fossilien:** Pflanzenhäcksel, Kohlestückchen.

**Wissenswertes:** Es gibt im Devon Lettlands Kugelsandsteine, die größere, meist deutlich ausgewitterte Kugeln zeigen. Sie sind nicht (oder nur sehr selten) geschichtet und führen niemals Pflanzenreste. Auf den Kugeln ist zumeist ein Calcitspiegel zu beobachten.

## Keuper-Konglomerat

**Alter:** 201,5 bis 238 Millionen Jahre
**Stratigraphie:** obere Trias: Keuper
**Herkunft:** Bornholm (DK)
**Häufigkeit:** ●●●○○

**Beschreibung:** An allen Stränden Rügens kommen helle Konglomerate vor, die dicht gepackt mit kleinen roten, gelben, braunen und grünlichen Schluffsteinen sind. Das Bindemittel ist farbloser bis weißer Calcit, der auch in winzigen Schrumpfungsrissen in den Klasten vorkommt. Wenige Klasten erreichen die 5-cm-Marke.

**Fossilien:** Bislang sind keine Fossilien in dem Gestein entdeckt worden.

**Wissenswertes:** Als Heimat der Keuper-Konglomerate ist Bornholm anzunehmen.

## Postsilurisches Konglomerat

**Alter:** 201,5 bis 252,5 Millionen Jahre
**Stratigraphie:** Trias
**Herkunft:** Schonen (SE)
**Häufigkeit:** ●●●○○

**Beschreibung:** Das **Postsilurische Konglomerat** führt in einer feinkörnigen roten Matrix Gerölle von bis zu 20 cm Größe. Neben den sehr charakteristischen Roten Beyrichien-Kalken sind meist Tonschiefer, Porphyre, Diabase, Gneise und Sandsteine enthalten. Seine zeitliche Entstehung wird in der Trias vermutet, da einige der Gerölle permisches Alter besitzen.

**Fossilien:** Die Roten Beyrichienkalke führen eine reiche Fauna an Muschelkrebsen, Muscheln, Kopffüßern, Trilobiten, Brachiopoden und anderen Fossilien.

**Wissenswertes:** Den Roten Beyrichienkalk kennt man ausschließlich aus Geschieben des Postsilurischen Konglomerats. Lose Funde stammen aus aufgearbeiteten Geschieben.

## Toneisensteine mit Pflanzenresten

**Alter:** 191 bis 237 Millionen Jahre
**Stratigraphie:** obere Trias bis unterer Jura
**Herkunft:** Bornholm (DK), Nordwest-Schonen (SE)
**Häufigkeit:** ●●●●○

**Beschreibung:** Harte, teils gelbrot geflammte, teils rostbraune und meist undeutlich geschichtete Sandsteine gehören verschiedenen Schichten aus der oberen Trias (Kageröd-Formation) bis zum unteren Jura (Rønne- bis Hasle-Formation auf Bornholm bzw. Högenäs-Formation bis Rye-Formation in Schonen) an. Sie finden sich anstehend im Süden und Westen von Bornholm sowie im nordwestlichen und südöstlichen Schonen. Mit Ausnahme weniger Lagen sind die Ablagerungen recht fossilarm. Da die zeitliche Einstufung aber nur über charakteristische Fossilien erfolgt, ist eine genaue zeitliche Einstufung von Geschiebefunden in der Regel nicht möglich. Hin und wieder finden sich unbestimmbare Pflanzenreste, Farnwedel und Muscheln, die auf einen küstennahen oder brackischen Ablagerungsraum hinweisen. Geschiebe mit reichlich Pflanzenhäckseln können winzige Bernsteine führen!

**Fossilien:** Farne, Holz, Pflanzenhäcksel, Wurzeln, Muscheln.

**Wissenswertes:** Die gleichaltrigen, rotgelben, sehr zähen **Sphaerosiderite** sind meist ungeschichtet und haben einen sehr harten, grüngrauen Kern. Fossilien fehlen in der Regel.

# TAFEL 35

1

2

3

4

**Abb. 1.** Unbestimmte Pflanzenreste, B = 18 cm. **Abb. 2.** Pflanzenhäcksel, B = 12 cm. **Abb. 3.** Wurzelboden, B = 6 cm. **Abb. 4.** Farnwedel, L = 5 cm.

## Höör-Sandstein

**Alter:** 183 bis 201,5 Millionen Jahre
**Stratigraphie:** unterer Jura: Hettangium bis Plienbachium
**Herkunft:** Schonen (SE)
**Häufigkeit:** ●●●○○

**Beschreibung: Höör-Sandstein** ist ein heller, mürber, grober Sandstein, der von Pflanzenhäckseln erfüllt sein kann. Selten führt er große Farnwedel, Schachtelhalme oder Fruchtstände. Kennzeichnend sind fettglänzende Calcitspiegel auf Gesteinsbruchflächen, die besonders gut im einfallenden Sonnenlicht zu erkennen sind. Manchmal ist das Gestein konglomeratisch entwickelt und enthält schwarze oder rostrot verwitterte, gerundete Gesteinstrümmer auf den Schichtflächen.

**Fossilien:** Holzreste, Farne, Schachtelhalme, selten Muscheln.

**Wissenswertes:** Höör-Sandstein stammt aus dem südlichen Schweden (Schonen), wo er als Baustein und für die Mühlsteinproduktion abgebaut wurde.

# TAFEL 36

**Abb. 1.** Höör-Sandstein mit dunklen Einschlüssen, B = 13 cm. **Abb. 2.** Schichtfläche mit Pflanzenresten, L = 12 cm. **Abb. 3.** Aufgeschlagenes Geschiebe mit Tongallen und Holzstückchen sowie Cacitspiegelflächen, B = 9 cm. **Abb. 4.** *Nilssonia* sp., L = 5 cm. **Abb. 5.** Höör-Sandstein mit Verwitterungsrinde, B = 11 cm.

## Limonit-Sandstein (mit Quarzkörnchen)

**Alter:** 191 bis 199 Millionen Jahre
**Stratigraphie:** unterer Jura: unterer Lias
**Herkunft:** Nordostschonen (SE)
**Häufigkeit:** ●●●○○

**Beschreibung:** Graue bis braune, harte, manchmal deutlich geschichtete **Limonit-Sandsteine**, die lagenweise wenige Millimeter große Quarzkörnchen führen können. Ungeschichtete Blöcke sind sehr hart und splittrig. Auf Schichtflächen können sich zahlreiche, meist kleine Muscheln mit verwitterter Schale finden. Oftmals sind die Muscheln zerbrochen oder zu Grus zerrieben, ein Zeichen für küstennahe Ablagerungen. Stratigraphisch gehören die groben, quarzreichen Gesteine zur Rye-Formation des Sinemuriums (unterer Lias), die in Nordwest-Schonen ansteht.

**Fossilien:** Muscheln, Holzreste.

**Wissenswertes:** Limonit-Sandsteine mit hellen Quarzkörnchen stammen zumeist aus dem Lias, ähnliche Gesteine können aber auch im Dogger oder seltener sogar im unteren Tertiär vorkommen.

# TAFEL 37

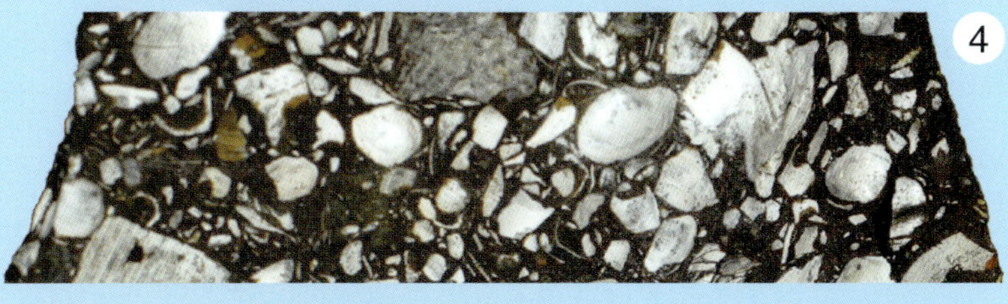


**Abb. 1.** Schichtfläche mit Muschelschill, B = 12 cm. **Abb. 2.** *Oxytoma* sp., B = 1 cm. **Abb. 3.** *Tancredia* sp., B = 2,5 cm. **Abb. 4.** Muschelpflaster, BB = 5 cm.

## Oolithe des Bathonium

**Alter:** 166 bis 168 Millionen Jahre
**Stratigraphie:** mittlerer Jura: Dogger: Bathonium
**Herkunft:** polnischer Ostseeraum und angrenzende Gebiete
**Häufigkeit:** ●●○○○

**Beschreibung:** Die braunen oder grünbraunen, stets knolligen Geschiebe sind feinkörnig, enthalten immer dunkle, tonige Partien und fleckenweise grünlich verwitterte, chamositische Ooide. Auf der Oberfläche der Geschiebe können die Ooide herauswittern und eine porös erscheinende Matrix hinterlassen. Fossilien sind oft zerbrochen, vollständige Muscheln, Schnecken oder gar Ammoniten sind selten.

**Fossilien:** Muscheln (*Astarte, Camptonectes, Pleuromya*), Schnecken, Scaphopoden, Ammoniten (*LIssoceras*), Holzreste.

**Wissenswertes:** Alle oolithischen Geschiebe sind selten. Solche aus dem Bathonium sind schwer zu erkennen, aber unbedingt beachtenswert.

# TAFEL 38

**Abb. 1.** Schichtfläche mit Ooiden und Muschelresten, B = 7 cm.
**Abb. 2.** *Camptonectes auritus*, L = 2 cm. **Abb. 3.** *Pleuromya* sp., B = 4 cm.
**Abb. 4.** *Astarte* sp., B = 1 cm. **Abb. 5.** *Lissoceras* sp., B = 1,6 cm.
**Abb. 6.** Chamositische Ooide, BB = 1,2 cm.

## Plattiger Dogger-Oolith

**Alter:** 166 bis 168 Millionen Jahre
**Stratigraphie:** mittlerer Jura: Dogger
**Herkunft:** Polen und angrenzender Ostseeraum
**Häufigkeit:** ●●●○○

**Beschreibung:** Mitunter finden sich am Strand dunkle, schwarzbraune bis dunkelgrüngraue Toneisensteine, die deutlich geschichtet sind und sich dadurch gut spalten lassen. Auffällig ist der sehr hohe Gehalt an winzigen, rostbraunen bis goldglänzenden Ooiden, die aus Eisenhydroxid oder Chamosit bestehen. Das Gestein kann tonige Partien enthalten. Die Fauna ist artenarm und besteht vorwiegend aus Muscheln, Schnecken und Ammoniten. Oolithe sind strandnahe Bildungen, die Gehäuse und Schalen der Fossilien sind durch Wellengang häufig zerbrochen und abgerollt. Die glatten Ammonitenschalen sind an ihrem perlmuttrigen Glanz auch in kleinen Bruchstücken gut erkennbar.

**Fossilien:** Muscheln, Schnecken, Scaphopoden, Ammoniten, Holz.

**Wissenswertes:** Ob dieses Gestein dem sogenannten „**Nemitzer Oolith**“ oder „***Aspidoides*-Oolith**“ entspricht, der vielfach in der Literatur beschrieben wurde, müssen zukünftige Untersuchungen zeigen.

# TAFEL 39

**Abb. 1.** Schichtfläche mit Muscheln der Gattung *Astarte*, BB = 12 cm. **Abb. 2.** Ooide, BB = 0,5 cm. **Abb. 3.** *Corbulimima* sp., B = 0,5 cm. **Abb. 4.** *Isocyprina (Venericyprina) lowei*, B = 1,3 cm. **Abb. 5.** *Limatula* sp., B = 1 cm. **Abb. 6.** *Pseudomelania* sp., L = 0,7 cm. **Abb. 7.** *Pseudomelania* sp., L = 0,8 cm. **Abb. 8.** *Pseudomelania* sp., L = 1 cm. **Abb. 9.** *Dentalium* sp., L = 1 cm.

## Kelloway-Geschiebe

**Alter:** 163 bis 166 Millionen Jahre
**Stratigraphie:** mittlerer Jura: Dogger: Callovium
**Herkunft:** Polen und angrenzender Ostseeraum
**Häufigkeit:** ●●●●○

**Beschreibung: Kelloway-Geschiebe** sind sehr fossilreiche, hellgrau bis ockerbraune Kalksandsteine. Charakteristisch sind kleine, grob berippte Muscheln (*Nicaniella („Astarte“) pulla*), zudem sind Austern (blau glänzende Schalentrümmer, fein lamelliert) häufig. In manchen braungrauen Geschieben kommen Muscheln der Gattung *Meleagrinella* (früher *Pseudomonotis*) in großer Zahl vor. Die Muschelfauna der Kelloway-Geschiebe umfasst mehr als 120 Arten. Schnecken sind häufig, erreichen aber kaum die 1-cm-Marke. In einigen Blöcken finden sich zentimetergroße, radial berippte und seidig glänzende Brachiopoden. Ammoniten sind bekannt, aber doch recht selten. Sie können, auch in Bruchstücken, an ihrer perlmuttrig schillernden Schale erkannt werden. Gelegentlich finden sich Kalkröhrenwürmer und die leicht gebogenen Gehäuse von Grabfüßern (Scaphopoda: *Dentalium*). Sehr selten sind Seeigel (*Holectypus*).

**Fossilien:** Muscheln, Schnecken, Scaphopoden, Ammoniten, Belemniten, Brachiopoden, Seeigel, Kalkröhrenwürmer, Holz.

**Wissenswertes:** In der Literatur werden mindestens 19 verschiedene Kelloway-Geschiebetypen unterschieden.

# TAFEL 40

**Abb. 1.** *Naricopsina* sp., D = 0,5 cm. **Abb. 2.** *Proconulus* sp., L = 0,3 cm.
**Abb. 3.** *Sulcoactaeon* sp., L = 0,4 cm. **Abb. 4.** *Sulcoactaeon* sp., L = 0,4 cm.
**Abb. 5.** *Procerithium*, L = 0,7 cm. **Abb. 6.** *Procerithium* sp., L = 0,9 cm.
**Abb. 7.** *Pseudomelania laubei*, L = 1 cm. **Abb. 8.** *Pseudomelania laubei*, L = 0,6 cm.
**Abb. 9.** *Dentalium* sp., L = 4 cm. **Abb. 10.** *Rhynchonella varians*, B = 1 cm.
**Abb. 11.** *Rhynchonella varians*, B = 2 cm.

## Tafel 41

**Abb. 1.** *Radulopecten fibrosus*, B = 1 cm. **Abb. 2.** *Radulopecten fibrosus*, B = 1,5 cm. **Abb. 3.** *Pecten* sp., B = 3 cm. **Abb. 4.** *Pholadomya* sp., B = 4,5 cm. **Abb. 5.** *Pholadomya lirata*, B = 8 cm. **Abb. 6.** *Pholadomya canaliculata*, B = 4 cm.

# Tafel 42

**Abb. 1.** *Modiolus* sp., B = 5 cm. **Abb. 2.** *Gervilleia* sp., B = 3,5 cm. **Abb. 3.** *Modiolus* sp., B = 5 cm. **Abb. 4.** *Gervilleia* sp., B = 3,5 cm. **Abb. 5.** *Modiolus* sp., B = 4 cm. **Abb. 6.** *Myophorella* sp., B = 1,5 cm. **Abb. 7.** *Trigonia* sp., B = 6 cm. **Abb. 8.** *Myophorella* sp., B = 5,5 cm. **Abb. 9.** *Pteroperna pygmaea*, B = 3 cm.

## Tafel 43

**Abb. 1.** *Pleuromya* sp., B = 6 cm. **Abb. 2.** *Pleuromya* cf. *uniformis*, B = 4 cm. **Abb. 3.** *Pleuromya* sp., B = 4 cm. **Abb. 4.** *Cercomya undulata*, B = 5,5 cm. **Abb. 5.** *Pleuromya uniformis*, B = 4 cm. **Abb. 6.** *Pleuromya* sp., B = 3 cm. **Abb. 7.** *Pleuromya* cf. *polonica*, B = 5,5 cm. **Abb. 8.** *Cucullaea* sp., B = 3 cm. **Abb. 9.** *Goniomya literata*, B = 5 cm. **Abb. 10.** *Cucullaea* sp., B = 2 cm.

# Tafel 44

**Abb. 1.** *Corbulimima* sp., B = 0,5 cm. **Abb. 2.** *Meleagrinella* sp., B = 1,7 cm.
**Abb. 3.** *Nicaniella pulla*, B = 0,7 cm. **Abb. 4.** *Isocyprina (Venericyprina) lowei*, B = 1,5 cm.
**Abb. 5.** *Pinguiastarte deeckei*, B = 1 cm. **Abb. 6.** *Anisocardia* sp., B = 3 cm.
**Abb. 7.** *Nicaniella* sp., B = 0,8 cm. **Abb. 8.** *Isocyprina* sp., B = 2,5 cm.

## Tafel 45

**Abb. 1.** *Grossouvria* sp., B = 2 cm. **Abb. 2.** *Lissoceras* s., B = 2 cm. **Abb. 3.** *Sigaloceras* sp., B = 0,9 cm. **Abb. 4.** *Erymnoceras* sp., B = 1,5 cm. **Abb. 5.** *Grossouvria?* sp., B = 0,5 cm. **Abb. 6.** *Grossouvria* sp., B = 2 cm. **Abb. 7.** *Sigaloceras* sp., B = 6 cm. **Abb. 8.** *Belemnotheutis* sp., L = 2,5 cm. **Abb. 9.** *Belemnotheutis* sp., L = 3,5 cm. **Abb. 10.** Belemitenphragmokon, L = 2 cm.

# Tafel 46

**Abb. 1.** *Kosmoceras* sp., B = 3 cm. **Abb. 2.** *Kosmoceras* sp., B = 3,5 cm.
**Abb. 3.** *Kosmoceras* sp., B = 2 cm. **Abb. 4.** *Kosmoceras* sp., B = 2 cm.
**Abb. 5.** *Kosmoceras* sp., B = 2,5 cm. **Abb. 6.** *Kosmoceras* cf. *pollux*, B = 1,5 cm.
**Abb. 7.** *Kosmoceras jason*, B = 6 cm.

## Jura-Konglomerate

**Alter:** 163,5 bis 201,5 Millionen Jahre
**Stratigraphie:** unterer bis mittlerer Jura: Lias bis Dogger
**Herkunft:** unbekannt, wahrscheinlich Oderbucht
**Häufigkeit:** ●●○○○

**Beschreibung:** Hin und wieder kommen auf Rügen teils große Blöcke eines groben Sandsteins mit zahlreichen, mehrere Zentimeter großen Klasten. Diese eingeschlossenen, flachen Gerölle sind leuchtend rot, gelb, hellgrau oder braun. Auch große Quarzkörnchen kommen vor. Fossilreste sind selten.

Das **Bunte Jura-Konglomerat** (1–2) kommt in Blöcken bis über 60 cm Durchmesser vor. Das Gestein ist mitunter sehr fest und schwer aufzuschlagen. Eine genaue Altersbestimmung ist schwierig, da Leitfossilien fehlen. Dunkle Toneisensteine kommen häufig im Lias vor, Austern und Belemniten sind typische Funde in Doggergeschieben. Es ist anzunehmen, dass das Gestein aus dem Grenzbereich Lias/Dogger oder aus dem Dogger selbst stammt.

**Fossilien:** Belemniten, große Holzreste, zerbrochene Austernschalen.

**Wissenswertes:** Ein zweiter Konglomerattyp (3–4) führt reichlich Muschelschill zwischen den monimikten Klasten. Möglicherweise handelt es sich um Sturmflutablagerungen (Tempestit).

# TAFEL 47

1

2

3

4

**Abb. 1.** Konglomerat, L = 9 cm. **Abb. 2.** Konglomerat, L = 23 cm.
**Abb. 3.** Konglomerat, B = 16 cm. **Abb. 4.** Konglomerat, B = 9 cm.

## Wealden-Sandstein

**Alter:** 139,5 bis 145 Millionen Jahre
**Stratigraphie:** untere Kreide: Berrias
**Herkunft:** Oderbucht und anschließender Ostseeraum
**Häufigkeit:** ●●●○○

**Beschreibung:** Unter dem Begriff „**Wealden-Sandstein**" versteht man eine Schichtenfolge von brackischen bis limnischen, grauen, bräunlich verwitternden, plattig ausgebildeten und teils sehr harten Sandsteinen, die eine monotone Fauna führen. Manchmal bedecken Muschelschalen mit kreidig verwitterter Schale ganze Schichtflächen.

**Fossilien:** Muscheln (*Corbicula* sp.); Holzreste, Fischschuppen, Zähne und Knochenreste von Reptilien.

**Wissenswertes:** Die häufige Muschel *Corbicula* wurde früher als „*Cyrena*" bezeichnet. Ihr massenhaftes Vorkommen führte in der Vergangenheit zu dem Namen „**Cyrenen-Sandstein**".

# TAFEL 48

**Abb. 1.** *Corbicula* sp., B = 2 cm.
**Abb. 2.** *Mytilus* sp., B = 2 cm.
**Abb. 3.** *Corbicula* sp., B = 1,5 cm.

## Gault-Geschiebe

**Alter:** 109 bis 113 Millionen Jahre
**Stratigraphie:** obere Unterkreide; unteres Albium
**Herkunft:** Gebiet an der südlichen Ostseeküste zwischen Rügen, Greifswald und Wolgast
**Häufigkeit:** ●●●○○

**Beschreibung:** Die dunklen **Gault-Geschiebe** bestehen aus einem glaukonitisch-eisenschüssigen Sandstein, der phosphatisch gebunden ist. Er tritt meist in faustgroßen, gerundeten, walzenförmigen oder knolligen Formen auf. Einige Geschiebe sind sehr hart und nur schwer aufzuschlagen. Aufgrund der Phosphatisierung sind mitunter feinste Fossil-Details erhalten: Die hohlen Ammoniten zeigen häufig den noch erhaltenen Sipho (4), bei Haien kann sogar der Knorpel (1) überliefert sein.

**Fossilien:** Treibholz (2), häufig mit Bohrgängen, Ammoniten (*Leymeriella, Acanthohoplites* (4), *Hoplites* u.a.); Nautiliden; selten Belemniten, Haie (1); sehr selten Krebse (Fangeschreckenkrebse: Stomatopoda, 3).

**Wissenswertes:** In Sammlerkreisen wird das Geschiebe als „**Beckertit**" bezeichnet, benannt nach Werner Beckert (Hohendorf), der sehr viele Stücke in den Kiesgruben um Wolgast gefunden und sie intensiv erforscht hat. Die Geschiebe kommen häufig im Raum Wolgast vor, sind auf Rügen seltener, aber regelmäßig zu finden.

# TAFEL 49

1

2

3

4

**Abb. 1.** Mehrere Haizähne und erhaltene Knorpelmasse (dunkel), BB = 15 cm. **Abb. 2.** Ast, L = 14 cm. **Abb. 3.** unbestimmter Fangschreckenkrebs, L = 4,5 cm. **Abb. 4.** *Acanthohoplites* sp., D = 1 cm.

## Hanaskog-Flint

**Alter:** 70 bis 83 Millionen Jahre
**Stratigraphie:** obere Kreide: Campan bis unteres Maastrichtium
**Herkunft:** Schonen (SE)
**Häufigkeit:** ●●●○○

**Beschreibung:** Der **Hanaskog-Flint** wird auch sehr treffend als **Weißgefleckter Feuerstein** bezeichnet. Kennzeichnend sind zahlreiche, 1 bis 2 mm große Flecken aus weißem Opal. Häufig sind die hellen Partien verwittert und haben Hohlräume im Gestein hinterlassen. Die Geschiebe sind nur selten größer als eine Faust. Manchmal führt der Hanaskog-Flint Muscheln, Belemniten und sogar die im Feuerstein sonst sehr seltenen Schnecken. Seeigel sind selten.

Zum Hanaskog-Flint gehört auch der fossilreiche, verkieselte, splittrige und relativ leichte Hanaskog-Kalk bzw. Schalenstaubkalk.

**Fossilien:** Muscheln, Schnecken, Belemniten, Reptilienzähne, Pflanzen (Holzreste, Koniferenzweige), Spurenfossilien (*Ophiomorpha*).

**Wissenswertes:** Der Weißgefleckte Feuerstein ist etwas älter als der schwarze Feuerstein, der uns besonders an der Kreideküste millionenfach begegnet.

## Trümmerkreide

**Alter:** 80 bis 84 Millionen Jahre
**Stratigraphie:** obere Kreide: unteres Campan
**Herkunft:** Schonen (SE)
**Häufigkeit:** ●●○○○

**Beschreibung:** Im Gebiet um das südschwedische Kristianstad hat sich an der Basis der Campan-Ablagerungen (Oberkreide) ein Transgressionshorizont entwickelt. In diesem küstennahen Sediment finden sich häufig Granit- und Gneis-Trümmer, teils kantig, teils gerundet. Zudem sind häufig Austern, Muschelschalen und Belemniten enthalten. Die Größe der eingeschlossenen Gerölle schwankt von wenigen Millimetern bis zu Faustgröße und mehr.

**Fossilien:** Belemniten, Austern.

**Wissenswertes:** In der Literatur liest man auch den Begriff „**Schalentrümmerkalk**" oder „**Trümmerkalk von Ignaberga**".

## Köpinge-Sandstein

**Alter:** 70 bis 83 Millionen Jahre
**Stratigraphie:** obere Kreide: Campan bis Maastrichtium
**Herkunft:** Südostschonen (SE)
**Häufigkeit:** ●●●○○

**Beschreibung:** Der **Köpinge-Sandstein** führt in seiner typischen Ausbildung zahlreiche grüne Glaukonitkörnchen, kann aber auch glaukonitfrei sein. Er ist feinkörnig und besitzt ein kalkiges Bindemittel. Fossilien liegen meist in Steinkernerhaltung vor. Häufiger sind glattschalige Muscheln, aber auch Austernschalen, Schnecken und Belemniten kann man finden. Sehr selten kommen in diesem Gestein Mosasaurierreste in Form von Knochenfragmenten oder Zähnen vor. Auch Pflasterzähne von Fischen sind bekannt. In der Regel enthält das Gestein aber nur unbestimmbare Muscheln. Ähnliche Kalksandsteine mit wenig oder keinem Glaukonit, aber zahlreichen Steinkernen von Muscheln, die auch auf der Oberfläche des Gesteins sichtbar sind, dürften ebenfalls zum Köpinge-Sandstein gehören.

**Fossilien:** Belemniten, Nautiliden, Muscheln, Schnecken, Haizähne, Reptilien (Zähne, Wirbel), mit Fischschuppen ausgekleidete Wurmköcher.

**Wissenswertes:** Köpinge-Sandstein ist an allen Küsten Norddeutschlands häufig zu finden.

# TAFEL 50

**Abb. 1.** Belemnit und Seeigelstachel, B = 7 cm. **Abb. 2.** Muschelsteinkern, B = 3,5 cm. **Abb. 3.** Wurmröhre, L = 4 cm. **Abb. 4.** unbestimmte Schnecken, B = 1 cm. **Abb. 5.** unbestimmte Schnecke, B = 4 cm.

## Bavnodde-Quarzit

**Alter:** 83 bis 86 Millionen Jahre
**Stratigraphie:** obere Kreide: Santon
**Herkunft:** Bornholm (DK)
**Häufigkeit:** ●●●○○

**Beschreibung:** Der **Bavnodde-Grünsand** ist das jüngste Sediment auf Bornholm. Er ist lagenweise sehr hart, splittrig und quarzitisch ausgebildet. Der hohe Glaukonitgehalt färbt ihn grünlich. Häufig sind Muschelschalen, durch Muscheln angebohrte Treibholzstücke und Belemniten enthalten, aber auch Ammoniten, Brachiopoden und vieles andere kann man in diesem Gestein finden.

**Fossilien:** Schwämme, Muscheln (*Plagiostoma, Spondylus, Inoceramus, Ostraea*), Belemniten (*Actinocamax, Goniocamax, Belemnitella*), Ammoniten (*Hoploscaphites*), Brachioipoden (*Rhynchonella*), Holz (z. T. angebohrt).

**Wissenswertes:** Der nur wenig ältere **Arnager-Kalk** (obere Kreide: Coniac), der ebenfalls von Bornholm stammt, ist rein weiß bis grauweiß, enthält keinen Glaukonit. Ein hoher Kieselsäuregehalt macht ihn hart und splittrig, er klingt daher beim Anschlagen hell. Gelegentlich finden sich Inoceramen und rostfarbene Schwammreste auf den Schichtflächen, selten sind Ammoniten (*Hoploscaphites*). Als Geschiebe ist er selten.

# TAFEL 51

**Abb. 1.** Unbestimmter Schwamm, L = 9 cm. **Abb. 2.** *Goniocamax* sp., L = 10 cm. **Abb. 3.** *Plagiostoma* cf. *hoperi*, B = 5,5 cm. **Abb. 4–5.** *Plagiostoma hoperi*, B = 2 cm. **Abb. 6.** Schichtfläche mit dem typischen Speckglanz, B = 6 cm. **Abb. 7.** *Ostraea* sp., B = 3 cm.

## Saltholm-Kalk

**Alter:** 61 bis 66 Millionen Jahre
**Stratigraphie:** Paläogen: Danium
**Herkunft:** Saltholm („Salzinsel", DK), Öresund, Seeland (DK) und angrenzende Gebiete
**Häufigkeit:** ●●●●○

**Beschreibung:** Der **Saltholm-Kalk** ist ein hartes, deutlich geschichtetes Gestein von weißer oder graugelber Farbe. Es kann gelegentlich in einen harten, splittrigen Feuerstein übergehen. Brachiopoden (*Chatwinothyris*) und Seeigel (*Echinocorys*) sind häufig. Meist sind diese nur im Querschnitt erkennbar und schwer herauszuschlagen. Auch große Spurenfossilien kommen in diesen Gesteinen oft vor. Andere Tiergruppen wie Muscheln, Schnecken, Krebse, Seesterne oder Haizähne können ebenfalls enthalten sein, sind aber eher selten. Saltholm-Kalk verdankt seinen Namen dem Vorkommen auf der Insel Saltholm östlich von Kopenhagen.

**Fossilien:** Seeigel (*Echinocorys*), Seesterne (*Metopaster*), Brachiopoden (*Chatwinothyris*), Langschwanzkrebse, Asseln, Spurenfossilien.

**Wissenswertes:** Alternative Namen sind Kopenhagen-Kalk oder Coccolithen-Kalk.

# TAFEL 52

1

2

3

4

**Abb. 1.** *Carneithyris lens*, B = 20 cm. **Abb. 2.** *Carneithyris subcardinalis*, L = 3 cm. **Abb. 3.** Mit Fischresten ausgekleideter Wohnbau terebelloider Würmer, *Lepidenteron* ichnosp., B = 10 cm. **Abb. 4.** Saltholm-Kalk mit Seeigel-Gehäuse in typischer Erhaltung, BB = 13 cm.

## Faxe-Kalk

**Alter:** 63 Millionen Jahre
**Stratigraphie:** Paläogen: Danium
**Herkunft:** Faxe, Seeland (DK)
**Häufigkeit:** ●●●○○

**Beschreibung:** Der **Faxe-Kalk** ist schmutzig weiß, fest und sehr feinkörnig. Er ist meist vollkommen von Korallenästen durchsetzt, die häufig in Steinkernerhaltung vorliegen. Auf der Oberfläche des Gesteins sind die Querschnitte der Korallen mit ihrem typischen Septenmuster erkennbar. Dort, wo die Korallen verwittern, entstehen tiefe Löcher. Die häufigste Korallenart ist *Faksephyllia faxoensis*. Oft kommen auch kleine Krebspanzer vor, die meist zu der Art *Dromiopsis rugosa* gehören. Auch Schnecken, Nautiliden, Haizähne und andere Fossilien sind bekannt, aber sehr selten.

**Fossilien:** Korallen (*Dendrophyllia, Smilotrochus*), Krebse (*Dromiopsis*), Muscheln, Schnecken, Nautiliden (*Hercoglossa*), Brachiopoden, Haizähne.

**Wissenswertes:** Der Faxe-Kalk steht bei Faxe auf Seeland an, wird hier seit mehr als 200 Jahren in einem inzwischen riesigen Steinbruch abgebaut. Besucher sind herzlich willkommen und dürfen hier eigenständig auf Fossiliensuche gehen.

# TAFEL 53

**Abb. 1-3.** Krabbenpanzer *Dromiopsis rugosa*, B = 1,5–2 cm.
**Abb. 4.** Korallenäste *Faksephyllia* sp., BB = 11 cm. **Abb. 5.** Faxe-Kalk, Handstück, B = 8,5 cm.
**Abb. 6.** Faxe-Kalk, Geschiebe, B = 7 cm.

## Echinodermen-Konglomerat

**Alter:** 59 bis 61 Millionen Jahre
**Stratigraphie:** Paläogen: Seelandium
**Herkunft:** Seeland (DK), Schonen (SE)
**Häufigkeit:** ●●●○○

**Beschreibung:** Echinodermen sind Stachelhäuter, zu denen Seeigel, Seesterne und Seelilien gehören. Ihre Skelettelemente liegen in großer Menge im **Echinodermen-Konglomerat** eingebettet. Neben verschiedenen Geröllen finden sich außerdem Brachiopoden (z. B. der „Totenkopf"- Brachiopode *Danocrania*) und Haizähne. Das Konglomerat ist auf erodierte Schichten des Danien („***Crania*-Kalk**"; ältestes Tertiär) aufgelagert. Die enthaltenen Fossilien stammen aus verschiedenen, aufgearbeiteten Sedimenten der Oberkreide und des ältesten Tertiärs und sind häufig abgerollt. Das Anstehende des Echinodermen-Konglomerats befindet sich in der Gegend zwischen Kopenhagen (DK) und Malmö (SE).

**Fossilien:** Echinodermen (Seestern-Platten, Seelilien-Stielglieder, Seeigel-Gehäuseteile), Brachiopoden (*Chatwinothyris, Danocrania*), Foraminiferen, Haizähne.

**Wissenswertes:** Manchmal findet sich hellgrauer Feuerstein des Daniums, auf den das Echinodermen-Konglomerat aufgelagert ist.

**Abb. 1.** Echinodermen-Konglomerat mit Haizahn, B = 11 cm.
**Abb. 2.** Knochenplatte, B = 6,5 cm. **Abb. 3**. grobes Echinodermen-Konglomerat mit Haizahn, B = 6,5 cm. **Abb. 4.** Echinodermen-Konglomerat, Schichtfläche, B = 23 cm.

## Aschgraues Paläozän

**Alter:** 59 bis 61 Millionen Jahre
**Stratigraphie:** Paläogen: Seelandium
**Herkunft:** Ostseegrund zwischen Schonen (SE) und Rügen
**Häufigkeit:** ●●○○○

**Beschreibung:** Schichten des **Aschgrauen Paläozäns** wechseln sich mit denen des Echinodermen-Konglomerats und des Lellinge Grünsandes ab oder sind auf diese aufgelagert und dann geringfügig jünger. Die unterschiedliche Gesteinsausbildung resultiert aus unterschiedlicher Wassertiefe durch ein eindringendes oder sich zurückziehendes Meer. Das Aschgraue Paläozän führt keine konglomeratischen Bestandteile, sondern vielmehr kleine, dünnschalige Muscheln und Schnecken. Glaukonit kommt fein verteilt in der Grundmasse vor.

**Fossilien:** Muscheln (*Abra*, *Cucullaea*, *Lyonsia*, *Nucula)*, Schnecken, Wurmröhren (*Ditrupa*), seltener Korallen (*Sphenotrochus*, *Caryophyllia*), Haizähne.

**Wissenswertes:** Die Fossilien liegen oft mit sehr gut erhaltenen Schalen vor. Leider ist diese in der Regel so verwittert, das sie beim Aufschlagen der Geschiebe zersplittert.

# TAFEL 55

**Abb. 1.** *Sphenotrochus latus* , L = 0,5–1 cm. **Abb. 2.** *Caryophyllia* sp., L = 0,5–1 cm. **Abb. 3.** *Ditrupa schlotheimi*, B = 4 cm. **Abb. 4.** Schichtfläche mit Muschelschill, B = 17 cm. **Abb. 5.** *Lyonsia baltica* (links) und *Nucula* sp. (rechts), B = 1 cm. **Abb. 6.** *Abra* sp., B = 1 cm.

## Paläozänes Turritellen-Gestein

**Alter:** 60 Millionen Jahre
**Stratigraphie:** Paläogen: Paläozän (Seelandium)
**Herkunft:** angrenzender Ostseeraum bis Schonen (SE)
**Häufigkeit:** ●●○○○

**Beschreibung:** Das seltene **Paläozäne Turritellen-Gestein** ist gleichen Alters wie das „Aschgraue Paläozän-Gestein" oder etwas jünger. Das feinkörnige Gestein ist durch Eisenverbindungen rotbraun gefärbt. Der Kern ist bei unverwitterten Geschieben grünlichgrau. Namengebend sind Turmschnecken der Gattung *Turritella*, deren Gehäuse in Schichtflächen angereichert und meist von der Strömung eingeregelt wurden.

**Fossilien:** Schnecken (*Turritella nana, T. imbricataria*), Muscheln, Korallen (*Sphenotrochus*).

**Wissenswertes:** Es gibt einen Typ, der nahezu ausschließlich die winzige Art *Turritella nana* führt. Andere Geschiebe enthalten die größere *Turritella imbricataria*, einzelne Muscheln und die kleine Koralle *Sphenotrochus*, die sogar Schichtflächen bedecken kann.

# TAFEL 56

**Abb. 1.** *Sphenotrochus latus*, B = 5 cm. **Abb. 2.** *Turritella imbricataria*, BB = 8 cm.
**Abb. 3.** *Turritella*, B = 7 cm. **Abb. 4.** *Turritella nana*, B = 10 cm.
**Abb. 5.** *Turritella nana*, B = 12 cm.

## Mittelpaläozän-Geschiebe

**Alter:** 60 Millionen Jahre
**Stratigraphie:** Paläogen: Paläozän (Seelandium)
**Herkunft:** angrenzender Ostseeraum bis Schonen (SE)
**Häufigkeit:** ●●●○○

**Beschreibung:** Mitunter finden sich an vielen Stränden Rügens bis faustgroße braune, ungeschichtete Kalksandsteine. Auf der Oberfläche erkennt man weiß verwitterte Muschelschalen und mitunter kleine Korallen mit deutlichen Septen. Neben zahlreichen kleinen Quarzkörnchen führt das Gestein als charakteristisches Kennzeichen viel Glaukonit. Aufgeschlagene Geschiebe besitzen gelegentlich einen grauen, unverwitterten Kern.

Gleichaltrige und ähnlich braune, plattig geschichtete Geschiebe, die ebenfalls Glaukonit enthalten, können größere Turmschnecken führen.

**Fossilien:** Foraminiferen, Korallen (*Sphenotrochus*), Muscheln (*Pectunculus, Cucullaea*), seltener Schnecken, Haizähne.

**Wissenswertes:** Bei Baggerarbeiten im Hafen von Ystad (SE) wurden 1913 zahlreiche Geschiebe rostbrauner Sandsteine gefunden (Brotzen 1948). Ein Typ entspricht wohl dem Paläozänen Turritellen-Gestein (S. 166). Der andere ist porös, erfüllt von Fossilien und beinhaltet angelöste Glaukonitkörnchen. Es gibt zahlreiche Varianten von Konglomeraten bis zu glaukonitischen Mergeln.

# TAFEL 57

**Abb. 1.** Haizahn *Carcharias* cf. *acutissimus*, L = 1 cm. **Abb. 2.** *Pectunculus* sp., B = 2 cm. **Abb. 3.** *Cucullaea dewalquei*, B = 2 cm. **Abb. 4.** *Pectunculus* sp., B = 4 cm. **Abb. 5.** Detailaufnahme mit Muschelschalen und Glaukonitkörnchen, BB = 1 cm. **Abb. 65.** *Ravniella* sp., B = 1 cm.

## Wallsteine, gerindeter Feuerstein

**Alter:** 66 bis 73 Millionen Jahre
**Stratigraphie:** obere Kreide/Paläogen
**Herkunft:** Dänemark, Schonen (SE)
**Häufigkeit:** ●●●●○

**Beschreibung: Wallsteine** sind kugelige bis eiförmige Feuersteine mit einer typischen schwarzbraunen Patina und deutlichen Schlagmalen auf der Oberfläche. Sie sind durch Abrollung im alttertiären Meer entstanden und wurden in Strandwällen abgelagert, wie man sie heute von den Feuersteinfeldern auf Rügen kennt.

**Fossilien:** bisher nicht beschrieben.

**Wissenswertes:** Der **grüngerindete Feuerstein** hat eine bewegte Vergangenheit hinter sich. Er ist im Schlamm des kreidezeitlichen Meeres entstanden. Die Kreideschichten wurden später abgetragen, dadurch hat sich der harte Feuerstein in einigen Gebieten angereichert. Im eindringenden Meer des Paläozäns haben sich dann zunächst eine braune Rinde und später eine grüne Glaukonitkruste gebildet. Das Gestein wurde erneut eingebettet und Jahrmillionen später von den Gletschern der Eiszeit aufgenommen. Nach dem Abschmelzen der Eismassen hat der Stein dann am heutigen Ostseestrand eine dritte Heimat gefunden (bis ein Sammler ihn mitnimmt und ihn zu Hause auf quartärer Lagerstätte archiviert).

# TAFEL 58

**Abb. 1–4.** Wallsteine, B/D = 3,5 - 8 cm. **Abb. 5.** aufgebrochener Wallstein mit typischer hellbrauner Verwitterungskruste, D = 4 cm. **Abb. 6–7.** braungerindete Wallsteine, B/D = 4 cm.

## Spurenfossil *Ophiomorpha*

**Alter:** 40 bis 56 Millionen Jahre, gelegentlich bis 66 Millionen Jahre
**Stratigraphie:** überwiegend Paläogen: Eozän; gelegentlich Danium und Paläozän
**Herkunft:** Tonschollen in der näheren Umgebung, Dänemark, Südschweden
**Häufigkeit:** ●●●●○

**Beschreibung:** Bei *Ophiomorpha* handelt es sich um Stopfbauten von callianassiden Krebsen (Maulwurfskrebse). Um die Gänge vor dem Zusammenfallen zu schützen, hat der Krebs Kotpellets in die Wandung gepresst. Die Röhren erreichen 1 bis 8 cm im Durchmesser, bis 20 cm lange Bruchstücke der mitunter meterlangen Baue sind bekannt. Selten sind verzweigte Gänge oder y-förmige Bruchstücke zu finden. Ebenfalls selten ist *Ophiomorpha* in hellen Sandsteinen, kommt zudem im Aschgrauen Paläozän und im Saltholm-Kalk vor.

**Fossilien:** Krebsgang *Ophiomorpha*, selten sind kleine Fossilien wie Muscheln oder Schnecken in den Gang eingespült.

**Wissenswertes:** Früher wurden diese Krebsgänge als Schwamm angesehen und mit „*Astrophora baltica*“ bezeichnet.

# TAFEL 59

**Abb. 1.** *Ophiomorpha lundgreni*, hohle Röhre von innen, L = 8 cm.
**Abb. 2.** *Ophiomorpha lundgreni*, verzweigter Bau, B = 6,5 cm.
**Abb. 3.** *Ophiomorpha lundgreni*, in Matrix, L = 10 cm. **Abb. 4.** *Ophiomorpha lundgreni*, L = 12 cm. **Abb. 5.** desgl., L = 8 cm. **Abb. 6.** *Ophiomorpha lundgreni*, L = 6,5 cm.

## Bernstein

**Alter:** 40 bis 50 Millionen Jahre
**Stratigraphie:** Paläogen: Eozän (Lutetium)
**Herkunft:** Ostseeraum
**Häufigkeit:** ●●●○○

**Beschreibung: Bernstein** ist das fossile Harz verschiedener Laub- und Nadelbäume. In der Blauen Erde, die in der Danziger Bucht aufgeschlossen ist, kommen geschätzt 600.000 t Bernstein vor. Bernstein wird aus den bernsteinführenden Schichten ausgewaschen oder glazial transportiert. Im Winter hat Wasser bei 4 °C seine größte Dichte. Bernstein treibt auf und wird vor allem nach Oststürmen zusammen mit Seetang an den Strand gespült. Bekannte Fundorte auf Rügen sind die Schaabe zwischen Glowe und Juliusruh, Lohme, Prora, Binz, Sellin, Göhren, Baabe, Thiessow und Zudar. Man kann Bernstein zwischen Sprockholz, mit der Harke im Seetang, mit Keschern im flachen Wasser oder nachts mit einer UV-Leuchte sammeln.

**Fossilien:** Insekten (Fliegen, Mücken, Käfer), Spinnen, Pflanzen (Eichenhaare, Moose, Holzreste) und sehr viel mehr.

**Wissenswertes:** Achtung! Weißer Phosphor, der aus Brandbomben des Zweiten Weltkriegs stammt, sieht Bernstein zum Verwechseln ähnlich. Er entzündet sich bei Körpertemperatur und brennt mit 1.200 °C ab. Bitte Bernstein nur im Eimer oder wassergefülltem Glas sammeln.

# TAFEL 60

**Abb. 1–6.** Verschiedene Bernsteine von den Küsten Rügens, B = 2–6 cm.
**Abb. 7.** Bernstein mit Seepocken bewachsen, B = 5 cm.

## Quellkalk/Travertin

**Alter:** unter 10.000 Jahre
**Stratigraphie:** Holozän: nacheiszeitlich
**Herkunft:** am Fundort entstanden
**Häufigkeit:** ●●●○○

**Beschreibung:** Die Bildung von **Travertin** oder **Quellkalk** (1–2) findet in Quellbereichen und Bachbetten unter Wasserbedeckung statt, verursacht durch Kohlendioxid-Entgasung infolge der Wassererwärmung sowie unter Mitwirkung von Moosen und Cyanobakterien. Quellkalk ist ein natürliches, sehr junges Gestein. Er wird auch als **Kalktuff** bezeichnet.

**Fossilien:** Quellkalk kann heutiges Pflanzenmaterial umschließen.

**Wissenswertes:** An einigen Küsten trifft man in der Steilwand auf verfestigte Sande, die so hart wie Beton sein können und durch Kalkausfällung in einem Grundwasser-Leiter entstanden sind. Regen- oder Grundwasser lösen Kalk aus den umliegenden Schichten. Bei Übersättigung fällt der Kalk wieder aus und „verklebt" umgebenden Sand, Geröll und sogar Pflanzenteile. Gelegentlich brechen diese Schichten aus der Küste heraus und liegen freigespült am Strand (3–4).

Gerölle und Sand, die durch Kalkzement miteinander verbacken sind, werden im süddeutschen Raum als „Nagelfluh" bezeichnet.

# TAFEL 61

**Abb. 1.** Quellkalk, B = 8 cm. **Abb. 2.** Quellkalk, B = 8 cm.
**Abb. 3.** „Naturbeton“, B = 20 cm. **Abb. 4.** „Naturbeton“, B = 16 cm.

## Feuersteinfelder bei Mukran

Ein Steinernes Meer aus der *Littorina*-Zeit

**Anfahrt:** An der L29 zwischen Prora und Neu Mukran befindet sich auf halber Strecke ein Parkplatz (kostenpflichtig) zu den Feuersteinfeldern. Der ausgeschilderte Weg ist etwa 2,5 km lang.

**Beschreibung:** Vor 3.500 bis 4.000 Jahren lag der Meeresspiegel der Ostsee 4 m über dem heutigen Niveau. Man spricht vom *Littorina*-Meer (S. 16). Mehrere Sturmfluten haben 17, bis 2 m mächtige Geröllwälle aufgeworfen, von denen 14 heute noch mehr oder weniger offen liegen. Auf einer Fläche von 2.500 m Länge und 200 m Breite sind Millionen von Feuersteinen aufgetürmt, die aus dem Kreidekliff Jasmunds stammen. Nur etwa 10 Prozent der Steine sind andere eiszeitliche Geschiebe.

Seit 1935 stehen die Feuersteinfelder (Bild rechts) unter Naturschutz. Auch wenn die Strandwälle nicht sehr fruchtbar sind, breiten sich bis heute Wachholder, Erika, Gräser und andere Pflanzenarten zusehends aus. Rund um die Feuersteinfelder findet sich ein um 1840 angepflanzter Kiefernwald.

Zwischen den Feuersteinen sind natürlich auch Fossilien wie Seeigel und Austern oder Hühnergötter zu finden. Aus Naturschutzgründen sollte man jedoch dieses geologische Kleinod möglichst unberührt belassen.

Aufgrund des verhältnismäßig langen Fußmarsches vom Parkplatz zu den Feuersteinfeldern ist diese Sehenswürdigkeit nie wirklich überlaufen.

**Wissenswertes:** Es gibt in Jütland und Schleswig-Holstein Geschiebe von wurzelführendem Flintkonglomerat (Bild links unten), die wohl aus einem ähnlichen Schotterboden entstanden sein könnten.

## Kreidemuseum Gummanz

Von der Schreibkreide bis zur Eiszeit

**Anfahrt:** Anfahrt über Saagard und Neddesitz. Großer, öffentlicher Parkplatz am Precise Resort Rügen. Von hier aus 350 m bis zum Kreidemuseum Gummanz.

**Beschreibung:** Seit Anfang der 1990er Jahre wurde von Manfred Kutscher aus Sassnitz, ein Standort für ein Kreidemuseum gesucht, der schließlich, knapp 10 Jahre später, mit dem ehemaligen Kreidebruch der Familie Gierke in Gummanz gefunden wurde. Hier wurde von 1854 bis 1962 Kreide abgebaut. Man begann 1999 mit der Sanierung des zur Ruine verfallenen Fabrikgebäudes (Bild rechts). Dank einer öffentlichen Förderung konnte ab 2003 der Umbau des Gebäudes fortgesetzt werden. Das Kreidemuseum Rügen wurde schließlich 2005 mit einer Ausstellungsfläche von 300 m² eröffnet. 2014 wurde ein 140 m² großer Erweiterungsbau eingeweiht.

Das Museum informiert über die Entstehung von Schreibkreide und Feuerstein, über die Kreidegewinnung, die Geschichte des Kreidewerks und die Nutzung der Kreide in Industrie, Landwirtschaft, im Umweltschutz, Heil- und Wellnessbereich. Die Besucher tauchen in der Ausstellung in die Lebenswelt des kreidezeitlichen Meeres ein. Charakteristische sowie seltene Fossilien der Schreibkreide werden gezeigt und erklärt. Geschiebefossilien aller Erdzeitalter ergänzen die Präsentation.

Das Kreidemuseum verfügt über eine umfangreiche Sammlung von Fossilien aus der Rügener Schreibkreide und aus eiszeitlichen Geschieben. Bedeutungsvoll sind auch die Exponate zur Bergbautechnik, die aus verschiedenen Jasmunder Kreidebrüchen stammen und mühsam zusammengetragen wurden.

**Wissenswertes:** Auf dem Außengelände gibt es eine „Buddelkiste", in der kleine Forscher echte Fossilien der Rügener Schreibkreide finden können.

Das Kreidemuseum bietet geführte Exkursionen in den Kreidebruch Promoisel (S. 24) an. Termine, Anfahrt und sonstige Festlegungen sind über www.kreidemuseum.de abrufbar.

13

## Nationalpark-Zentrum

Von der Victoria-Sicht bis zum Königsstuhl

**Anfahrt:** In Hagen südlich von Lohme gibt es einen großen öffentlichen Parkplatz, von dem in regelmäßigem Abstand Busse zum Nationalpark-Zentrum fahren. Man kann auf dem Parkplatz Kombitickets für die Fahrt und den Eintritt kaufen. Die Fahrt mit dem privaten PKW zum Nationalpark-Zentrum ist nur Rollstuhlfahrern erlaubt.

**Beschreibung:** Der Nationalpark Jasmund besteht seit 1990. Er ist mit rund 3.000 ha Deutschlands kleinster Naturpark, beherbergt aber den mit 650.000 Bäumen größten, zusammenhängenden Buchenwald im gesamten Ostseeraum, der übrigens schon seit Jahrhunderten die hügelige Landschaft der Stubnitz bedeckt.

Die umfangreichen, erlebnispädagogisch aufbereiteten und modern inszenierten Ausstellungen über drei Etagen geben einen spannenden Einblick in die Geologie der Insel Rügen von der Schreibkreide bis in die Eiszeit. Fauna und Flora des Nationalparks werden eindrucksvoll und multimedial vorgestellt – eine Entdeckungsreise für kleine und große Forscher gleichermaßen. Es gibt übrigens Audio-Guides mit unterschiedlichen Schwerpunkten.

Eine besondere Attraktion ist der 2023 eröffnete Skywalk (Bild rechts), eine 118 m lange Aussichtsplattform, die über die Kreidefelsen hinausragt und den Besucher mit einem fantastischen Blick auf den Königsstuhl belohnt.

Der 10 km lange Hochuferweg führt von Sassnitz bis zum Nationalpark-Zentrum Königsstuhl. Von hier aus fahren Busse zurück bis Sassnitz. Man kann entlang des Küstenwanderweges vom Nationalpark-Zentrum auch nach Süden bis zum Kieler Bach wandern, wo es eine Treppe zum Strand gibt. Die Strecke beträgt gut 3 km.

**Wissenswertes:** Das Nationalpark-Zentrum mit dem Welterbeforum sowie der Skywalk kosten Eintritt. Der Blick von der benachbarten Victoria-Sicht auf den Königsstuhl ist kostenfrei.

BAHLS, R. & KLIEWE, H. [HRSG.] (1990): Mönchgut. Eine Landschaftsstudie. Teil 1 und 2. 103 S., 172 Abb., 8 Taf.; Göhren/Greifswald.

BILZ, W. (2022): Fossilin von den Steinstränden der Eckernförder Bucht. 186 S., Abb. 1-920; Eckernförde.

BRAASCH, R. & MENZEL-HARLOFF, H. (2020): Mecklenburg-Vorpommerns Schätze im Feuerstein. 161 S., zahlr. Abb.; Raben-Steinfeld.

BUCHHOLZ, A. (2010): Seltene und weitere ausgewählte Feuersteinfunde aus der Rügener Schreibkreide und aus dem Geschiebe. - Der Geschiebesammler, 43 (2): 47-70, Abb. 1-3, Taf. 1-4; Wankendorf.

COHEN, E.W. & DEECKE, W. (1891): Über Geschiebe aus Neu-Vorpommern und Rügen. - Mittheilungen aus dem naturwissenschaftlichen Vereine von Neu-Vorpommern und Rügen, 23: 1-84; Greifswald.

DEECKE, W. (1907): Geologie von Pommern. 302 S., 40 Abb.; Berlin.

DOYLE, P. & SHAKIDES, E.V. (2004): The Jurassic Belemnite Suborder Belemnotheutina. Palaeontology, 47 (1): 983-998. Abb. 1-7; London.

DUFF, K.L. (1978): Bivalvia from the English Lower Oxford Clay (Middle Jurassic).Palaeontographical Society Monographs, 132 (553): 1-137, Abb. 1-40, Tab. 1, Taf. 1-13; London.

GRÖNWALL, K.A. & HARDER, P. (1907): Paleocen ved Rugaard i Jydland og ders Fauna. - Danm. geol. Undersøgelse, 2. Raekke, (18): 1-102, Taf. 1, 1 Kt.; Kopenhagen.

GRÜNDEL, J. (1990): Gastropoden aus Callov-Geschieben aus dem Nordosten Deutschlands. I. - Z. geol. Wiss., 18 (8): 763-773, Abb. 1-9, Taf. 1; Berlin.

GRÜNDEL, J. (1990): Gastropoden aus Callov-Geschieben aus dem Nordosten Deutschlands. II. Mathildidae, Trochacea, Palaeotrochacea, Amberleyacea, Rissoinidae, Pleurotoimariidae und Purpurinidae - Z. geol. Wiss., 18 (12): 1137-1151, Abb. 1-10, Taf. 1-2; Berlin.

GRÜNDEL, J. (1993): Gastropoden aus Callov-Geschieben aus dem Nordosten Deutschlands. III. Aporrhaidae, Actaeonidae und Rissoinidae. - Z. geol. Wiss., 21 (3-4): 359-370, Abb. 1-13, Taf. 1-2; Berlin.

GRÜNDEL, J. (1993): Gastropoden aus Callov-Geschieben aus dem Nordosten Deutschlands. IV. Ataphridae, Neritopsidae, Neritidae, Pseudomelaniidae, Zygopleuridae und Naticidae. - Z. geol. Wiss., 21 (3-4): 371-382, Abb. 1-8, Taf. 1-2; Berlin.

HERRIG, E. (1995): Die Kreide und das Pleistozän von Jasmund, Insel Rügen (Ostsee). In: KATZUNG, G., HÜNEKE, H. & OBST, K. [Hg.] (1995): Geologie des südlichen Osseeraumes. Umwelt und Untergrund. 147. Hauptversammlung der Deutschen Geologischen Gesellschaft. Exkursionsführer. 4.-6. Oktober 1995. Greifswald. Terra Nostra, 6/95: 91-113, Abb. 1-11; Bonn.

HUCKE, K. (1917): Die Sedimentärgeschiebe des norddeutschen Flachlandes. - 195 S., 37 Taf., 30 Abb.; Leipzig.

HUCKE, K. (1967): Einführung in die Geschiebeforschung. - 1-132, 24 Abb., 5 Tab., 2 Kt., 50 Taf.; Oldenzaal).

JAEKEL, O. (1910): Ueber den Kreidehorst von Jasmund und seine Tektonik – Mittheilungen aus dem naturwissenschaftlichen Vereine von Neu-Vorpommern und Rügen, 42: 43-70, Abb. 1-6; Greifswald.

KATZUNG, G. [HRSG.] (2004): Geologie von Mecklenburg-Vorpommern. - 590 S., 192 Abb., 50 Tab.; Stuttgart (Schweizerbart).

KIENEL, U. (1993): Zur Alterstellung der Rügener Schreibkreide anhand von Nannofossilien (Unter-Maastrichtium). - Berliner geowiss. Abh., (E): 45-55, 4 Abb., 2 Taf.; Berlin.

KNAUST, D. & SCHNICK. H. (2024): Trace fossils from the Maastrichtiumian chalk of the Isle of Rügen, north-east Germany. - Netherlands Journal of Geosciences, 103: 1-21, Abb. 1-8; Utrecht.

KOENEN, A. (1885): Über eine Paleocäne Fauna von Kopenhagen. - Abhandlungen der königlichen Gesellschaft der Wissenschaften (Göttingen), 32: 1-128, Taf. 1-5; Göttingen.

KOPPKA, J. (2004): Neue Bivalven (Heterodonta, Anomalodesmata) aus Kellowaygeschieben Norddeutschlands. - Archiv für Geschiebekunde, 4 (5): 233-272, 2 Taf., 10 Abb., 3 Tab., Greifswald.

KRIENKE, H.-D. (2000): Die schutzwürdigen Geotope der Inseln Rügen, Hiddensee und Vilm. - Brandenburgische Geowissenschaftliche Beiträge, 7 (1-2): 161-172, 23 Abb.; Kleinmachnow.

KRIENKE, H.-D. (2004): Wer kennt schon Avalonia? 500 Millionen Jahre durch Rügens Erdgeschichte. - Rugia, Rügen-Jahrbuch, 2004: 59-67, Abb. 1-4, Tab. 1-2; Bergen.

KUTSCHER, M. (1980): Gastropoden, Crustaceen und irregulären Echiniden in der Rügener Schreibkreide und ihre Beziehungen zum Sediment. - Der Geschiebesammler, 13 (2): 95-111, Abb. 1-17; Hamburg.

KUTSCHER, M. (1984): Die Scaphopoden und Gastropoden der Rügener Schreibkreide. - Freiberger Forschungshefte, C 395: 54-68, 5 Taf.; Leipzig.

KUTSCHER, M. (1998): Insel Rügen. Die Kreide. - 56 S., 20 Abb., 16 Taf., Sassnitz.

KUTSCHER, M. (2003): Bestimmungsschlüssel der Seeigel (Echinoidea) der Weißen Schreibkreide (Kreide, Unter-Maastrichtium) von Rügen (Deutschland) und Møn (Dänemark). - Erratica, 5: 3-41, Taf. 1-13; Wankendorf.

KUTSCHER, M. (2013): Die Rügener Schreibkreide - ein Multitalent. - 82 S., zahlr. Abb.; Sassnitz (Verein der Freunde und Förderer des Nationalparks Jasmund e.V.).

KUTSCHER, M. (2015): Von der Werkhalle zum Museum - Kreidewerk Gummanz. - Jasmunder Heimatheft, 35: 54-66, 10 Abb.; Stralsund.

KUTSCHER, M. (2019) Revision der Schlangensterne (Ophiuroidea, Echinodermata) aus der Oberkreide (Unter-Maastrichtium) von Rügen (Deutschland) und Møn (Dänemark). – Archiv für Geschiebekunde, 8 (1): 1-76, 14 Taf., 1 Abb.; Hamburg/Greifswald.

KUTSCHER, M. (2023); Ein besonderer Feuerstein als kreidezeitliches "Beinhaus". - Geschiebekunde aktuell, 39 (3): 70-79, 6 Abb.; Hamburg/Greifswald.

KUTSCHER, M. & KANKEL, U. (2020): Haireste (Selachii) in einem Unterkreide-Geschiebe. - Geschiebekunde aktuell, 36 (4): 123-130, 5 Abb.; Hamburg/Greifswald.

KUTSCHER, M. & KULESSA, V. (2010): Erstnachweis weiterer Gastropoden-Arten aus der Rügener Schreibkreide (Unter-Maastrichtium). - Geschiebekunde aktuell, Sonderheft 8: 69-83, 4 Abb.; Hamburg/Greifswald.

KUTSCHER, M. & WEINRICH, M. (2020): „Ei"-Pakete in *Pinna decussata* Goldfuss (Bivalvia) – ein indirekter Nachweis kreidezeitlicher Pinnotheridae De Haan (Crustacea). - Zitteliana 94: 157-164, 2 Taf.; München.

LEHMANN, J., HOFFMANN, R., OWEN, H.G., & BECKERT, W. (2016): Cephalopoden aus unterkreidezeitlichen Geschieben der Region um Wolgast-Hohendorf, Vorpommern. - Archiv für Geschiebekunde, 7 (7-8): 401-530, 18 Taf., 13 Abb., 1 Tab.; Hamburg/Greifswald.

LINCK, G. & BECKER, W. (1925): Die weiße Schreibkreide und ihre Feuersteine. - Chemie der Erde. Beiträge zur chemischen Mineralogie, Petrographie und Geologie, 2 (1): 1-14; Jena.

LUDWIG, A.O. (2006): Cyprinenton und I1-Folge im Pleistozän von Nordost-Rügen und der Insel Hiddensee (südwestliche Ostsee). - Z. geol. Wiss., 34 (6): 349-377, 10 Abb., 2 Tab.; Berlin.

LUNDGREN, B. (1881): Undersökningar öfver molluskfaunan i Sveriges äldre mesozoiska bildningar. - Lunds Universitets Årsskrift, 17: 57 S., 6 Taf.; Lund.

MALLING, C. & GRÖNWALL, K.A. (1909): En Fauna i Bornholms Lias. - Dansk geol. Forening, 15 (3): 271-316, Taf.- 1-2; Kopenhagen.

MÜLLER, A.H. (1951): Diagenetische Untersuchungen in der obersenonen Schreibkreide von Rügen. - Abh. Geol. Dienstes Berlin, N.F. 228: 1-29, Abb. 1-9, Tab. 1, Taf. 1-4; Berlin.

MÜLLER, A.H. (1953): Die isolierten Skelettelemente der Asteroidea (Asterozoa) aus der obersenonen Schreibkreide von Rügen. - Geologie, Beiheft 8: 66 S., 9 Abb., 8 Tab., 11 Taf.; Berlin.

NEBEN, W. & KRUEGER, H.-H. (1971): Fossilien ordovicischer Geschiebe. - Staringia, 1: ; Oldenzaal.

NEBEN, W. & KRUEGER, H.-H. (1973): Fossilien ordovizischer und silurischer Geschiebe. - Staringia, 2: ; Oldenzaal.

NEBEN, W. & KRUEGER, H.-H. (1979): Fossilien kambrischer, ordovizischer und silurischer Geschiebe. - Staringia, 5: 63 S., Taf. 110-164; Oldenzaal.

NESTLER, H. (1960): Spongien aus der weißen Schreibkreide (Unt. Maastrichtium) der Insel Rügen. - Paläontologische Abhandlungen, 1 (1): 3-70, Abb. 1-6, Taf. 1-12; Berlin.

NESTLER, H. (1965): Die Rekonstruktion des Lebensraumes der Rügener Schreibkreide-Fauna (Unter-Maastrichtium) mit Hilfe der Paläoökologie und Paläobiologie. - Geologie, 14: Beiheft 49:1-1 47, 52 Abb., 1 Tab., 7 Taf.; Berlin.

NESTLER, H. (1965): Echiniden aus dem Unter-Maastrichtium der Insel Rügen. I. Die Saleniiden. - Geologie, 14 (8): 982-1003, Abb. 1-9, Taf. 1-5; Berlin.

NESTLER, H. (1966): Echiniden aus dem Unter-Maastrichtium der Insel Rügen. III. *Gauthiera radiata* (Sorignet, 1850). - Geologie, 16 (10): 1214-1221, Abb. 1-6, Taf. 1; Berlin.

NESTLER, H. (1973): Echiniden aus dem Unter-Maastrichtium der Insel Rügen. IV. Die Cidariden. - Z. geol. Wiss., 1 (8): 981-989, Abb. 1-3, Tab. 1, Taf. 1; Berlin.

NESTLER, H. (1978): Echiniden aus dem Unter-Maastrichtium der Insel Rügen. VI. Ein neuer Vertreter der Temnopleuridae. - Z. geol. Wiss., 6 (5): 619-625, Abb. 1-3; Berlin.

NESTLER, H. (1972): Die Cidariden (Echinoidea) der Kreide (Unteres Maastrichtium) Rügens. - Wiss. Zeitschr. der E.-M.-A.-Univ. Greifswald, Math.-naturw. Reihe, 21 (2): 171- 190, Abb. 1-6, Tab. 1-3, Taf. 1-6; Greifswald.

NESTLER, H. (1995): Die Fossilien der Rügener Schreibkreide. 4. Auflage. - Neue Brehm Bücherei, 486: 1-108, Abb. 1-159; Magdeburg).

NIEDERMEYER, R.-O. (1995): Küstenmorphologie und Küstengeologie Südost-Rügens. In: KATZUNG, G., HÜNEKE, H. & OBST, K. [Hrsg.] (1995): Geologie des südlichen Ostseeraumes. Umwelt und Untergrund. 147. Hauptversammlung der Deutschen Geologsichen Gesellschaft. Exkursionsführer. 4.-6. Oktober 1995. Greifswald. Terra Nostra, 6/95: 71-90, Abb. 1-15; Bonn.

NIEDERMEYER, F., KLIEWE, H. & JANKE, W. (1987): Die Ostseeküste zwischen Boltenhagen und Ahlbeck. - 164 S., 28 Abb., 16 Fototaf.; Gotha.

NIEDERMEYER, F., LAMPE, R., JANKE, W., SCHWARZER, K., DUPHORN, K., KLIEWE, H., WERNER, F. (2011): Sammlung geologischer Führer, 105: Die deutsche Ostseeküste. 2. Auflage. - 282 S., 97 Abb., 20 Farbbilder, 7 Tab.; Stuttgart.

OWEN, E. & SMITH, A.B. (1991): Kreide-Fossilien. Ein Bestimmungsatlas der Fossilien des Chalk. - 152 S., zahlr. Abb., Taf. 1-59; Korb.

RASMUSSEN, A., RASMUSSEN, L. & HANSEN, T. (2011): Fossiler fra Stevns Klint, Møn og Nordjylland. - 89 S., sehr viele Abb.; Østsjællands Museum.

RAVN, J.P.J. (1902): Molluskerne i Danmarks Kridtaflejringer. II. Scaphopoder, Gastropoder og Cephalopoder. - D. Kgl. Danske, Vidensk. Selsk. Skrifter, Naturvidensk. og Mathem. Afd, 11. Række, 6 (4): 212-239, Taf. 1-5; København.

RAVN, J.P.J. (1939): Études sur les Mollusques du Paléocène de Copenhague. - D. Kgl. Danske, Vidensk. Selsk., Biologiske Skrifter, 1 (1): 1-106, Taf. 1-4; København.

REINICKE, R. (1993): Rügen. Strand & Steine. - 79 S., zahlr. Abb.; Schwerin.

REINICKE, R. (2010): Feuersteine und Hühnergötter. 2. Auflage. 80 S., zahlr. Abb.; Ribnitz-Damgarten).

REICH, M. & FRENZEL, P. (2002): Die Fauna und Flora der Rügener Schreibkreide. - Archiv für Geschiebekunde, 3 (2-4): 73-284, 9 Abb., 2 Tab., 55 Taf; Hamburg.

REICH, M., FRENZEL, P. & HERRIG. E. (2005): Die Schreibkreide: Ein Meer am Ende der Kreidezeit. - Biologie in unserer Zeit 08/2005; 35(4): 260-267, Abb. 1-18; Weinheim.

REICH, M., HERRIG, E., FRENZEL, P. & KUTSCHER, M. (2018): Die Rügener Schreibkreide – Lebewelt und Ablagerungsverhältnisse eines pelagischen oberkretazischen Sedimentationsraumes. - Zitteliana, 92: 17-32, Abb. 1-11, München.

ROEDEL, H. (1935): Die Muschelfauna der norddeutschen Paläozängeschiebe. - Zeitschrift für Geschiebeforschung, 11 (1): 1-42, Taf. 1; Leipzig.

ROEDEL, H. (1937): Die Fauna der norddeutschen Paläozängeschiebe: Schnecken, Scaphopoden, Brachiopoden und Korallen.

Zeitschrift für Geschiebeforschung, 13 (1): 184-222, Taf. 1; Leipzig.

ROHDE, A. (2007): Fossilien sammeln an der Ostseeküste. - 1-224, zahlr. Abb.; Neumünster.

ROHDE, A. (2008): Auf Fossiliensuche an der Ostsee. - 1-272, zahlr. Abb.; Neumünster.

RUDOLPH, F. (1997): Geschiebefossilien. Teil 1: Paläozoikum. - Fossilien, Sonderheft 12: 64 S., 3 Tab., 28 Taf.; Korb.

RUDOLPH, F. (2012): Strandsteine. Sammeln und Bestimmen an der Ostseeküste. 11. Auflage. - 160 S., zahlr. Abb., Neumünster.

RUDOLPH, F. (2014): Kleine Fossilien am Strand entdecken. – 144 S., 400 farbige Abb.; Neumünster.

RUDOLPH, F. (2017): Das große Buch der Strandsteine. Die 300 häufigsten Steine an Nord- und Ostsee. – 300 S., zahlr. farbige Abb.; Neumünster).

RUDOLPH, F., (2018): Welche Fossilien sind das? – 288 S., 402 farbige Abb.; Stuttgart.

RUDOLPH F. (2024): Welche Versteinerungen finde ich an Meer und Strand? – 192 S., sehr viele farbige Abb.; Hamburg.

RUDOLPH, F. & BILZ, W. (2000): Geschiebefossilien. Teil 2: Mesozoikum. - Fossilien, Sonderheft 14: 64 S., 24 Taf.; Korb.

RUDOLPH, F., BILZ, W. & PITTERMANN, D. (2017): Fossilien an Nord- und Ostsee. Finden und Bestimmen. 2. Auflage. - 320 S., mehr als 800 Abb.; Wiebelsheim.

SCHNETLER, I. & NIELSEN, M.S. (2018): A Palaeocene (Selandian) molluscan fauna from boulders of Kerteminde Marl in the gravel-pit at Gundstrup, Fyn, Denmark. - Cainozoic Research, 18 (1): 1-82, Abb. 1-4, Tab. 1-2, Taf. 1-9; Leiden.

SCHULZ, W. (1994): Das paläozäne Turritellengestein als Geschiebe im südlichen Ostseeraum. - Archiv für Geschiebekunde, 1 (10): 589-604, 13 Abb.; Hamburg.

SCHULZ, W. (2003): Geologischer Führer für den norddeutschen Geschiebesammler. - 508 S., zahlr. Abb.; Schwerin.

SKEAT, E.G. & MADSEN, V. (1898): On Jurassic, Neocomian and Gault boulders found in Denmark. - Danm. geol. Undersøgelse, 2. Raekke, (8): 1-213, Taf. 1-8, 1 Kt.; Kopenhagen.

STEINICH, G. (1965): Die artikulaten Brachiopoden der Rügener Schreibkreide (Unter-Maastrichtium). - Paläontologische Abhandlungen, Abteilung A, Paläozoologie, 2 (1): 1-220, Abb. 1-297, Taf. 1-21; Greifswald.

STEINICH, G. (1967): Neue Brachiopoden aus der Rügener Schreibkreide (Unter-Maastrichtium). I. Draciinae - eine neue Unterfamilie der Cancellothyrididae Thomson.. - Geologie, 16 (10): 1145-1155, 7 Abb., 1 Taf.; Berlin.

STEINICH, G. (1968): Neue Brachiopoden aus der Rügener Schreibkreide (Unter-Maastrichtium). II. Die Platidiidae Thomson.. - Geologie, 17 (2): 192-209, 9 Abb., 1 Taf.; Berlin.

STEINICH, G. (1968): Neue Brachiopoden aus der Rügener Schreibkreide (Unter-Maastrichtium). III. Dalligas nobilis gen. et spec. nov. und Kingena sp. - Geologie, 17 (3): 336-347, 5 Abb., 1 Taf.; Berlin.

STOLL, E. (1934): Die Brachiopoden und Mollusken der pommerschen Doggergeschiebe. Abhandl. Geolog.-Pal. Inst. Greifswald, 13: 62 S., 2 Abb., 3 Taf.; Greifswald.

STOLL, E. (1940): Die Mollusken der pommerschen Liasgeschiebe. - Zeitschrift für Geschiebeforschung, 16 (2): 89-118, 1 Abb., 1 Taf.; Leipzig.

TROEDSSON, G. (1951): On the Höganäs series of Sweden (Rhaeto-Lias). - Lunds Universitets Årsskrift, N. F. Avd. 2, Bd. 47 (1): 268 S., 41 Abb., 4 Tab., 24 Taf.; Lund.

WROOST, V. (1936): Vorgänge der Verkieselung am Beispiel des Feuersteins der Kreide. Abh. Senckenberg. Naturforsch. Ges., 432: 1 - 68, Abb. 1 - 36; Frankfurt am Main.

INTERNETQUELLEN:

https://www.koenigsstuhl.com/
https://www.kreidemuseum.de/
https://www.lung.mv-regierung.de/fachinformationen/geologie
https://www.ruegensteine.de
https://www.fossilbuch.de
https://www.strandsteine.de
https://www.naturwissenschaftliches-museum.de/eiszeithaus

## Stratigraphische Tabelle

| Ära | System | | Serie | Zeit |
|---|---|---|---|---|
| Känozoikum | Quartär | | Holozän | 0,012 |
| | | | Pleistozän | 2,58 |
| | Tertiär | Neogen | Pliozön | 5,33 |
| | | | Miozän | 23,03 |
| | | Paläogen | Oligozän | 33,9 |
| | | | Eozän | 56,0 |
| | | | Paläozän | 66,0 |
| Mesozoikum | Kreide | | Oberkreide | 100,5 |
| | | | Unterkreide | 145,0 |
| | Jura | | Malm | 163,5 |
| | | | Dogger | 174,1 |
| | | | Lias | 201,3 |
| | Trias | | Obertrias | 237,0 |
| | | | Mitteltrias | 247,2 |
| | | | Untertrias | 252,2 |
| Paläozoikum | Perm | | Lopingium | 259,8 |
| | | | Guadalupium | 272,3 |
| | | | Cisuralium | 298,9 |
| | Karbon | | Pennsylvanium | 323,2 |
| | | | Missisipium | 359,9 |
| | Devon | | Oberdevon | 382,7 |
| | | | Mitteldevon | 393,3 |
| | | | Unterdevon | 419,2 |
| | Silur | | Pridoli | 423,0 |
| | | | Ludlow | 427,4 |
| | | | Wenlock | 433,4 |
| | | | Llandovery | 443,8 |
| | Ordovizium | | Oberordovizium | 458,4 |
| | | | Mittelordovizium | 470,0 |
| | | | Unterordovizium | 485,4 |
| | Kambrium | | Furongium | 497 |
| | | | Serie 3 | 509 |
| | | | Serie 2 | 521 |
| | | | Terreneuvium | 541 |
| Proterozoikum | Neoproterozoikum | | | 1000 |
| | Mesoproterozoikum | | | 1600 |
| | Paläoproterozoikum | | | 2500 |
| Archaikum | | | | 4000 |
| Hadaikum | | | | 4600 |

Zeitangaben, Epochen-/Seriennamen nach: Deutsche Stratigraphische Kommission (Hrsg.; Koordination und Gestaltung: M. MENNING & A. HENDRICH) (2022): Stratigraphische Tabelle von Deutschland Kompakt 2022 (STDK 2022); Potsdam.
Alle Zeitangaben in Millionen Jahren.

# DANK

Vielen Dank an alle, die durch Bestimmungshilfen, Diskussionen, gemeinsame Exkursionen, Funde, Fotos, Hinweise und Korrekturen zum Gelingen des Buches beigetragen haben: Dr. Jörg Ansorge (Horst), Susanne Brand (Hüsby), Manfred Kutscher (Sassnitz), Dr. Karsten Obst (Güstrow), Hiilmar Schnick (Greifswald), Dr. Günter Schweigert (Stuttgart), Enrico Wolff (Sassnitz).

Die abgebildeten Funde stammen aus den Sammlungen Uwe Kankel (Schwentinental) und Dr. Frank Rudolph (Steinfeld). Die *Phymosoma* mit Mundapparat (S. 40) wurde von Susanne Brand (Hüsby) gefunden. Die Stücke der beiden letztgenannten Sammlungen werden im Eiszeit-Haus des Naturwissenschaftlichen Museums in Flensburg aufbewahrt.

Foto und Sammlung der kompletten *Hagenowia* (S. 42), der Oktokorallenbasis (S. 32), des *Echinosphaerites* (S. 97, Fig. 4), der Schlangensternscheibe (S. 45) und des kompletten *Scalpellum* (S. 45): Manfred Kutscher (Sassnitz).

# IMPRESSUM

Bibliographische Information der Deutschen Nationalbibliothek
Die Deutsche Nationalbibliothek verzeichnet diese Publikation in der Deutschen Nationalbibliographie; detaillierte bibliographische Daten sind im Internet über http://dnb.d-nb.de abrufbar.


Borselstr.16c
D-22765 Hamburg
info@ellert-richter.de

ISBN 978-3-8319-0909-4



Titelbild Mitte: iStock, Bild Rückseite: AdobeStock
Text & Fotos: Frank Rudolph, Steinfeld & Uwe Kankel, Schwentinental (Ausnahmen s.o.)
Lektorat: Ricarda Rowold, Hamburg
Gestaltung: BrücknerAping, Büro für Gestaltung, Bremen
Gesamtherstellung: ADverts printing house, Riga, Lettland

www.ellert-richter.de
www.facebook.com/EllertRichterVerlag
www.instagram.com/ellert_richter_verlag